Coaching-Techniken

Karsten Drath

2. Auflage

HAUFE.

Inhalt

Vorwort

Die Kunst eines guten Coachs besteht darin, ein hilfreicher Spiegel für den Klienten zu sein. Das erfordert eine geeignete Grundhaltung sowie das richtige Maß an eigener Lebens- und Felderfahrung. Diese gilt es wohldosiert einzubringen, ohne dabei einen Lösungsansatz vorzugeben, der womöglich nicht zum Klienten passt und von daher keine Durchschlagskraft entwickelt. In seiner Rolle als Sparringspartner ist es auch die Aufgabe des Coachs, den Klienten immer wieder aus seiner Komfortzone zu führen und ihn mit gezielten Fragen und konstruktivem Feedback auf mögliche blinde Flecken hinzuweisen und so in seiner Entwicklung zu unterstützen.

Coaching-Techniken, im Fachjargon auch Interventionen genannt, sind zweifelsohne bei dieser Arbeit ein elementarer Bestandteil. Sie sind Vehikel, die dem Klienten helfen, z.B. eine neue und andersartige Sichtweise auf ein Problem zu entwickeln – vorausgesetzt, sie werden strukturiert und ausgehend von einer wohldurchdachten Methodik und Struktur des Coaching-Prozesses eingesetzt.

In diesem Buch werden Interventionen vorgestellt, die sich in der Coaching-Praxis bewährt haben. Orientiert an den Phasen des Modells Leadership Choices erfahren Sie, welcher Denkschule die Techniken zugeordnet sind, bei welcher Indikation, zu welchem Ziel und wie genau sie eingesetzt werden können.

Ich wünsche Ihnen viel Erfolg bei Ihrer Arbeit!

Karsten Drath

Wie ein Coach arbeitet

Coaching-Modelle geben der Arbeit mit dem Klienten eine logische Struktur. Sie bilden den sinnvollen Rahmen, innerhalb dessen bestimmte Coaching-Interventionen angewendet werden. In diesem Kapitel wird als Beispiel für ein solches Modell Leadership-Choices dargestellt, das sich vor allem in der Arbeit mit Führungskräften bewährt hat. Nach dessen Phasen sind die in diesem Buch vorgestellten Interventionen gegliedert.

Was Coaching ist, und was es nicht ist

Als Coaching wird in diesem Buch die vertrauliche, prozessorientierte Einzelberatung psychisch stabiler Menschen verstanden. Sie findet unter Anwendung von Modellen und Coaching-Techniken, also Interventionen, die meist psychotherapeutischer Herkunft sind, in einem Business-Kontext durch eine externe Person statt.

Coaching ist also ein externes Beratungsformat, d. h. eine Form von Beratung, die von externen Dienstleistern durchgeführt wird, bei dem Modelle, Haltungen und Techniken, die eigentlich ursprünglich für die Behandlung psychisch Kranker entwickelt wurden, auf stabile, leistungsbereite Führungskräfte angewandt werden, die sich weiterentwickeln möchten.

> Der Fokus liegt beim Coaching nicht auf der Behandlung einer psychischen Störung, sondern auf der Flexibilisierung von Verhaltensmustern, der Weiterentwicklung von Persönlichkeit und dem Ausbau von Leistungsfähigkeit und Resilienz.

Das Coaching-Modell Leadership Choices

Im Coaching hat es sich bewährt, dass die vertrauliche Arbeit zwischen Coach und Klient in eine Methodik eingebettet wird, die dem Coaching-Prozess eine logische Struktur und einen inhaltlichen und zeitlichen Rahmen gibt. In der Coaching-Praxis haben sich im Lauf der Zeit viele solcher Modelle herausgebildet. Sie sind allesamt gut passend für die heutige Arbeitslandschaft und unterscheiden sich zudem nur in den Schwerpunkten und Akzenten, die sie setzen. Ein Coaching-Modell verfolgt einerseits den Zweck, den Coaching-Prozess für den Klienten transparent, nachvollziehbar und damit als nicht bedrohlich darzustellen. Andererseits ist es für die zuständigen Personal- und Einkaufsabteilungen des betreffenden Unternehmens ein Indiz für ein systematisches und strukturiertes Vorgehen und damit ein Indikator für Qualität.

Eines dieser zeitgemäßen Modelle ist »Leadership Choices«, das 2008 von Manfred Barth, Bill Crombie und Rolf Pfeiffer als Gründer der gleichnamigen Coaching-Firma in seiner Grundform entwickelt wurde. 2012 wurde es dann von mir noch um einige Aspekte ergänzt.

Dieses Modell verdeutlicht anschaulich, wie Interventionen meist therapeutischen Ursprungs in einem Business-Kontext eingesetzt werden können. Der Name bringt zum Ausdruck, dass es im Kontext von Führung (»Leadership«) sehr viel um bewusste Entscheidungen (»Choices«) geht. Das Modell Leadership Choices besteht aus fünf logisch aufeinander aufbauenden Phasen, die auf einer gemeinsamen Basis von Professionalität und Haltung gründen.

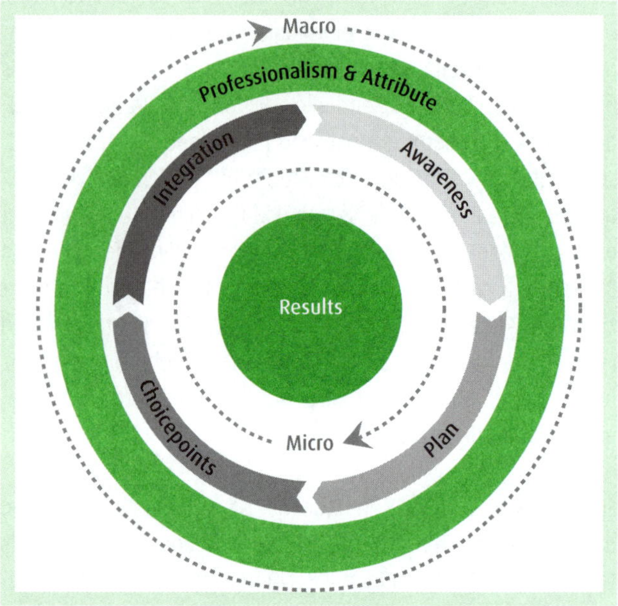

Das Modell Leadership Choices

Die Phasen dieses Coaching-Modells werden auf den Ebenen »Micro« und »Macro« durchlaufen, d. h., sie haben sowohl Gültigkeit für den gesamten Coaching-Prozess als auch für jede einzelne Coaching-Sitzung.

Die Phasen des Coaching-Prozesses

Hier ein kurzer Überblick über die Phasen im »Macro-Modus«, d.h. in Bezug auf den gesamten Coaching-Prozess, der typischerweise zwischen sechs und 12 Monate dauert.

Der Macro-Modus und seine Phasen	
1	Awareness (Bewusstsein)
2	Plan
3	Choicepoints (Punkte der Entscheidung)
4	Integration
5	Results (Ergebnisse)

- **Macro Awareness (Bewusstsein):** Zu Beginn geht es in dieser Phase um die Erarbeitung der Ausgangssituation des Klienten. Hier wird zunächst seine Biographie erstellt, bei der bereits weitreichende Lebensthemen und Entscheidungsmuster offensichtlich werden können, ebenso seine Persönlichkeitsstruktur und seine Verhaltenspräferenzen, die mithilfe strukturierter Interviews sowie bei Bedarf mittels psychologischer Instrumente und Messverfahren erhoben werden. Mithilfe von existierenden Leistungsbeurteilungen, 360°-Feedbacks und sog. Work Shadowing, bei dem der Coach den Klienten in seinem Arbeitsalltag beobachtet, wird außerdem ein Stärken- und Schwächen-Profil des Klienten in Bezug auf seine Führungsqualitäten erarbeitet. Ein weiterer Bestandteil dieses Elements ist die Erarbeitung der Ziele des Klienten sowie seiner Werte und Überzeugungen. Ebenfalls werden hier die Ressourcen des Klienten und evt. auch seine Lebensvision ermittelt.

- **Macro Plan:** Gemeinsam mit der Bestimmung der Ausgangssituation des Klienten werden außerdem eine Arbeitsallianz zwischen Coach und Klient gebildet und der Modus der Zusammenarbeit geplant. Zu dieser Allianz gehört z. B. die Klärung des Auftrags, den der Klient dem Coach gibt. Da der Auftraggeber für das Coaching in der Regel nicht der Klient selbst ist, sondern sein Vorgesetzter als Vertreter des Unternehmens, geht es hier auch um die Klärung der Erwartungen, die das Unternehmen an den Coaching-Prozess hat. Ebenfalls dazu gehören die Erwartungen des Coachs an den Klienten, z. B. die Zusage von Veränderungsbereitschaft und Commitment zu dem Prozess, ohne die Coaching nicht sinnvoll ist. All dies zusammen bildet das Mandat. Ebenfalls beinhaltet dieses Element die Bestimmung des Zielszenarios, das mithilfe des Coaching-Prozesses erreicht werden soll.

BEISPIEL

Hierbei handelt es sich in der Regel um ein Zielverhalten, z. B. »Mehr Empathie im Umgang mit meinen Mitarbeitern«, oder um ein Zielgefühl, z. B. »Mich trotz Konflikten im Vorstand abends und am Wochenende entspannen können«. Es kann aber auch um die Unterstützung bei der Erreichung eines äußeren Ziels gehen, z. B. »Berufung in den Vorstand« oder »Neuausrichtung meines Bereichs«.

In der Regel enthält das Zielszenario eine Kombination von Zielverhalten und -gefühl sowie konkrete Ziele, die im Außen erreicht werden sollen. Dieses Szenario ist dabei stets mit einer genauen Definition verbunden, mit der der Klient feststellen wird, ob er die Ziele erreicht hat oder nicht. Es liegt ebenfalls in der Natur der Arbeit im Coaching, dass sich dieses Mandat im Verlauf des Prozesses entwickeln kann. Es ist dann die Aufgabe des Coachs, diese Veränderungen dem Klienten bewusst zu machen und das Mandat bei Bedarf gemeinsam mit diesem anzupassen oder die Coaching-Arbeit wieder neu am Mandat auszurichten.

- **Macro Choicepoints (Punkte der Entscheidung):** In diesem Schritt geht es um die Identifikation von zu optimierenden Verhaltensweisen des Klienten bzw. um die Erarbeitung von Handlungs- und Kommunikationsmustern, die dem Klienten bei der Erreichung seiner Ziele im Weg sind. Besonders von Interesse sind hier Situationen, in denen der Klient das Gefühl hat, mit Autopilot zu fliegen, d.h. keine gefühlten Wahlmöglichkeiten in seinem Verhalten zu haben. Generell gilt im Coaching, dass es aus Sicht des Klienten besser ist, bewusst auf eine große Palette von alternativen Verhaltensmustern zugreifen zu können, als nur wenige Optionen im Handlungsrepertoire zu haben und somit die Reaktion auf seine Umgebung nicht steuern zu können. Daher werden im Coaching auch tieferliegende Entscheidungen und Überzeugungen des Klienten beleuchtet, welche die Entwicklung von Alternativen behindern. Aber es geht auch um konkrete Techniken und Strategien, die dem Klienten praktisch helfen können, in einer belastenden Situation Freiraum für eine bewusste Entscheidung zu schaffen. Diese werden auch als »Seperator« bezeichnet. In der Arbeit mit dem Coach geht es dabei bewusst nicht um die Eliminierung existierender Muster, denn jedes Verhalten dient einem bestimmten Zweck und ist in einem bestimmten Kontext sinnvoll. Ziel der gemeinsamen Arbeit ist vielmehr die Schaffung von neuen Sichtweisen und Verhaltensvarianten, die im Einklang mit dem Wertesystem des Klienten stehen und von diesem daher authentisch umgesetzt werden können.

- **Macro Integration (Integration):** In dieser Phase werden die gewonnenen Sichtweisen in das Handlungsfeld des Klienten übertragen und die neu erarbeiteten Handlungsalternativen aktiv in sein Verhaltensrepertoire integriert. Dazu erarbeitet der Coach gemeinsam mit dem Klienten zunächst die wahrscheinlichen Reaktionen seines Umfelds auf dessen geändertes Verhalten und Varianten, wie er damit umgehen kann. Ebenso entwickelt der Coach mit dem Klienten Unterscheidungen, d.h. neue Sichtweisen und Differenzierungen, die es dem Klienten ermöglichen, sein Umfeld und dessen Reaktion auf ihn genauer zu beobachten. Zwischen den Coaching-Sitzungen erprobt der Klient dann neue Formen von Kommunikation und Interaktion mit seiner Umgebung und reflektiert die gemachten Erfahrungen anschließend mit seinem Coach in der nächsten Sitzung. Der Coach steht dem Klienten bei Bedarf auch mit seiner eigenen Berufs- und Lebenserfahrung zur Seite, wird aber immer auf Transparenz bedacht sein, ob er dies aus seiner Rolle als Coach oder als Ratgeber tut. Auf diese Weise können im Sinne einer Feinabstimmung Faktoren erarbeitet werden, die es für den Klienten einfacher oder aber schwieriger machen, sein neues Verhalten umzusetzen und so mehr Flexibilität im Handeln zu erlangen. Häufig tauchen auch innere Kräfte im Klienten auf, die sich in Form von Widerstand gegen neue Verhaltensweisen äußern. Sie werden als »Saboteure« bezeichnet. Um die Nachhaltigkeit der Verhaltensänderungen zu gewährleisten, werden diese Saboteure und der verdeckte Gewinn, den der Klient aus ihnen zieht, im Coaching genau betrachtet und hinterfragt.

- **Macro Results (Ergebnisse):** Ziel der Zusammenarbeit zwischen Coach und Klient ist die Erreichung der Ziele des Klienten. Dieses Element markiert daher die Ausrichtung aller Interventionen im Coaching auf diese Ergebnisse, wohl wissend, dass der Klient derjenige ist, der entscheidet, welche Schritte für ihn hilfreich sein können, um sein Ziel zu erreichen. So dokumentiert der Coach z.B. die wesentlichen Erkenntnisse des Klienten in sog. Coaching Notes, die er dem Klienten anschließend gemeinsam mit seinen Reflexionen zur Sitzung zur Verfügung stellt. Auch der Klient dokumentiert seine Nachgedanken und schickt diese dem Coach. Das Element »Results« enthält zudem flankierende Interventionen, die den Klienten darin unterstützen, seinen Zielfokus beizubehalten. Dazu gehören sowohl eine weitergehende Begleitung des Klienten durch den Coach in seinem Arbeitsalltag (»Work Shadowing«), die Durchführung zielgerichteter, anonymisierter Interviews mit dem Umfeld des Klienten zu Verbesserungen bei bestimmten problematischen Verhaltensweisen, als auch ein Abschlussgespräch zwischen Coach, Klient und seinem Vorgesetzten zur Bestätigung der Zielerreichung.

Die Phasen während der einzelnen Sitzungen

Die zuvor geschilderte Methodik bildet die Richtschnur für die Gestaltung eines Coaching-Prozesses in einem professionellen Umfeld. Zusätzlich zu dem geschilderten »Macro-Modus« wird das Modell Leadership Choices aber auch während jeder einzelnen Coaching-Sitzung im Kleinen in einem sog. »Micro-Modus« in Form von Leitfragen durchlaufen, die in der folgenden Übersicht skizziert werden.

Element	Leitfragen
Micro Awareness (Bewusstsein)	▪ In welcher Verfassung kommt der Klient heute in die Sitzung? ▪ Was ist seit der letzten Sitzung im Umfeld des Klienten geschehen? ▪ Welche Erfahrungen hat der Klient bei der Erprobung von neuen Verhaltensweisen gemacht? ▪ Mit welchen Widerständen oder Rückschlagen musste der Klient umgehen?
Micro Plan (Plan)	▪ Was möchte der Klient heute innerhalb der Coaching-Sitzung erreichen? ▪ Was soll am Ende der Coaching-Sitzung anders sein als zuvor? ▪ Wie hängt der Arbeitsauftrag des Klienten mit dem Coaching-Mandat zusammen? ▪ Wo schätzt sich der Klient heute auf einer Skala von 1 bis 10 selber ein in Bezug auf die Erreichung seines Coaching-Ziels?

Element	Leitfragen
Micro Choicepoints (Punkte der Entscheidung)	▪ Welche Beobachtungen kann der Coach dem Klienten in Form von Feedback anbieten? ▪ Welche Entscheidungen muss der Klient heute treffen, um eine neue Sicht- oder Verhaltensweise für sich möglich zu machen? ▪ Wie können die Erfahrungen, die der Klient bei der Erprobung neuen Verhaltens gemacht hat, ihm helfen, es zukünftig noch besser zu machen? ▪ Welche alternativen Sichtweisen auf die aktuelle Situation des Klienten sind möglich?
Micro Integration (Integration)	▪ Welche Erkenntnisse hat der Klient im Rahmen der Coaching-Sitzung gewonnen? ▪ Welches neue oder andere Verhalten wird der Klient innerhalb der nächsten Tage erproben, das ihn seinem Ziel näherbringt? ▪ Welche Art von Hausaufgabe wäre für den Klienten eine gute Unterstützungsstruktur, um einen weiteren Schritt in Richtung seines angestrebten Ziels zu gehen?
Micro Results (Ergebnisse)	▪ Wie wird der Coach wissen, dass der Klient seine Hausaufgaben umgesetzt hat? ▪ Welche Erkenntnisse und Einsichten hat der Klient während der eigentlichen Coaching-Sitzung und in seiner anschließenden Reflexion gewonnen?

Fundamente: Haltung und Professionalität des Coachs

Die in den vorherigen Abschnitten beschriebenen Elemente gründen auf einer gemeinsamen Basis von Professionalität und Haltung des Coachs.

Haltung

Die einzelnen Einflüsse und Versatzstücke der verschiedenen Denkschulen haben sich über die Jahre in der praktischen Arbeit mit Führungskräften zu einer konsistenten Haltung entwickelt, die sich in drei Dimensionen darstellt:

1. Haltung des Coachs dem Klienten gegenüber
2. Haltung des Coachs in der Beziehung zwischen ihm und dem Klienten
3. Haltung des Coachs sich selbst gegenüber

Haltung dem Klienten gegenüber

- **Der Klient ist kompetent, kreativ und reich an Ressourcen:** Es ist die Aufgabe des Coachs, auf Basis dieser Überzeugung mit dem Klienten zu arbeiten und diesem zu helfen, sich seiner Qualitäten mehr bewusst zu werden.
- **Wertschätzung, Empathie & selektive Authentizität:** Der Coach begegnet dem Klienten mit unbedingter Wertschätzung und emotionaler Beteiligung. Er ist in seinem Verhal-

ten dem Klienten gegenüber echt und authentisch. Er ist sich gleichzeitig der Tatsache bewusst, dass der Klient nicht zu jedem Zeitpunkt immer alles konstruktiv annehmen kann, was er selbst wahrnimmt. Von daher achtet der Coach bei der Mitteilung seiner Wahrnehmungen auf den State des Klienten und seine Fähigkeit, konstruktives Feedback aufzunehmen.

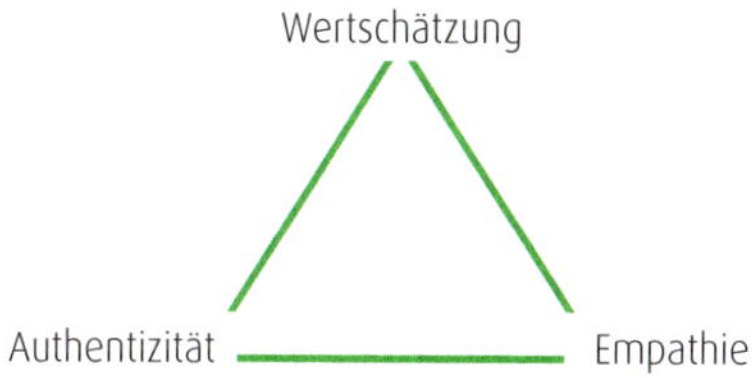

- **Respekt & Respektlosigkeit**: Der Coach hat Respekt vor dem Klienten, seinem Lebensumfeld, seinen Werten und Ressourcen und auch vor seinen Problemen. Er ist respektlos gegenüber den limitierenden Überzeugungen des Klienten und seinen dysfunktionalen Verhaltensmustern.
- **Nicht-Wissen & Neugier:** Der Coach handelt aus einer Haltung von Nicht-Wissen und echter Neugier. Wie ein Kind, dass alles zum ersten Mal sieht, hinterfragt er die Überzeugungen und Vorstellungen des Klienten, ohne »es selber besser zu wissen«, und ohne eigene Konzepte von »richtig« und »falsch« zu haben. Mit diesem entwaffnenden Nicht-Wissen und seiner Neugier bringt er den Klienten spielerisch dazu, die Schlüssigkeit seines Weltbilds zu überprüfen.
- **Durch die Brille des Klienten sehen:** Es gibt keine objektive Realität, nur individuelle Abbilder davon in jedem Einzelnen, die von dessen Erfahrungen und Überzeugungen geprägt sind. Dies gilt für das Weltbild des Klienten und auch für das

Weltbild des Coachs. Der Coach erforscht die Weltkarte des Klienten, um sich dessen Sicht auf die Dinge zu erschließen und um so die Welt durch die Brille des Klienten sehen zu können.

- **Vom Opfer zum Täter:** Manchmal ist es die wesentliche Aufgabe im Coaching, dem Klienten dabei zu helfen, seine leidende, aber schuldlose Opferrolle zugunsten einer zupackenden und verantwortlichen Täterrolle aufzugeben.

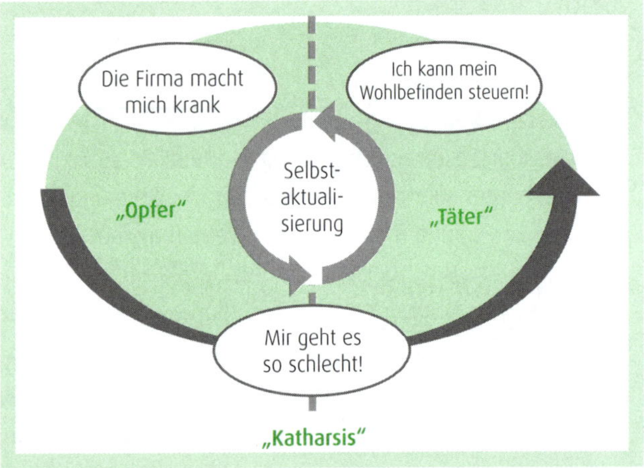

Vom Opfer zum Täter

- **Menschen treffen stets die bestmögliche Entscheidung**: Jeder Mensch entscheidet sich anhand seiner persönlichen Version der Realität stets für die aus seiner Sicht am besten erscheinende Lösung gemäß den ihm zur Verfügung stehenden Handlungsalternativen. Es ist der Sinn von Coaching, die Anzahl dieser Varianten zu erhöhen.

- **Jedes Verhalten hat einen Sinn:** Bei manchen Verhaltensweisen mag es schwer sein, einen Sinn auszumachen. Dennoch hat jede Handlung einen mitunter verdeckten Sinn oder Nutzen, den es zu entdecken gilt.
- **Körperwahrnehmung & Intuition:** Der Coach ermutigt den Klienten im Sinne der Ganzheitlichkeit, seinen eigenen emotionalen State oder Zustand, seinen Energielevel sowie die Signale seines Körpers wahrzunehmen und diesen eine adäquate Bedeutung beizumessen. Er unterstützt ihn ebenfalls dabei, sein Bauchgefühl bzw. seine Intuition stärker wahrzunehmen.
- **Komfortzone & Neuland:** Der Klient verfügt über Erfahrungen, Kompetenzen und Ressourcen, auf die er zugreifen kann, wenn er sich in seiner Komfortzone befindet. Lernen von neuen Verhaltensmustern findet größtenteils außerhalb dieser Komfortzone im Neuland statt. Der Coach hat die Aufgabe, den Klienten bei der Erschließung seines Neulands zu unterstützen, indem er mit ihm neue Ressourcen erarbeitet.

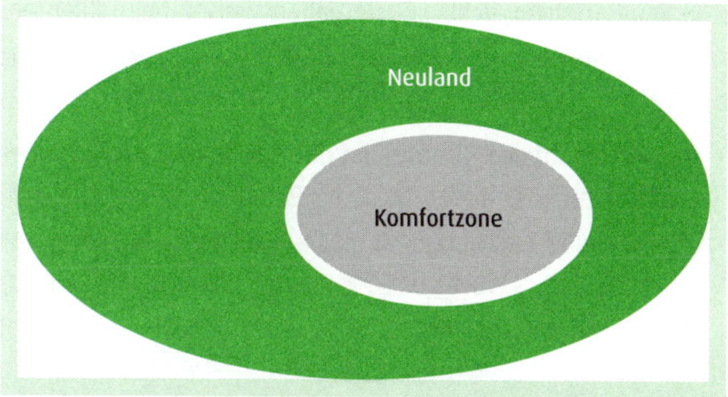

Haltung der Zusammenarbeit gegenüber

- **Beziehung ermöglicht Entwicklung:** Verhaltens- und Kommunikationsmuster beim Klienten können nur auf der Basis einer tragfähigen, von gegenseitigem Vertrauen geprägten Arbeitsbeziehung nachhaltig geändert werden. Es ist die Aufgabe des Coachs diese Beziehung aufzubauen und zu vertiefen. Dies erfordert von ihm emotionale und soziale Anschlussfähigkeit sowie beim Klienten den Willen zur Veränderung und zur Eigenreflexion.
- **Die Allianz gestalten:** Coaching ist eine vertrauensvolle Zusammenarbeit zwischen Coach und Klient auf Zeit. Es ist die Aufgabe des Coachs, die ungeschriebenen Regeln und wechselseitigen Erwartungen dieser Zusammenarbeit explizit zu machen.
- **Augenhöhe & Verantwortung:** Coach und Klient arbeiten auf Augenhöhe. Der Klient ist Experte für sein Leben, sein Umfeld und seine Probleme und trägt dafür zu jeder Zeit die volle Verantwortung. Der Coach ist Experte für die Entwicklung alternativer Sicht- und Verhaltensweisen beim Klienten. Er trägt die Verantwortung für die Gestaltung der Zusammenarbeit.
- **Das Potenzial des Klienten ist der Kunde im Coaching:** Der Coach versteht sich als Anwalt des Potenzials seines Klienten. Er wird seine Handlungen danach ausrichten, was dem Potenzial und dem Wachstum des Kunden am förderlichsten ist, um in die Welt zu kommen.

- **Konfrontation, Provokation & Verstörung:** Wenn es im Sinne des Potenzials des Klienten und auf der Basis von Wohlwollen und Respekt geschieht, können Konfrontation, Provokation und Verstörung des Klienten sinnvoll sein, um neue Verhaltensmuster zu ermöglichen. Dies erfordert ein hohes Maß an Empathie und Eigenreflexion des Coachs.
- **Die eigentliche Arbeit erfolgt zwischen den Sitzungen:** Das Gespräch mit einem Coach ist sehr intensiv, aber die eigentliche Arbeit findet statt in der Zeit bis zur nächsten Sitzung: Zum einen durch die bewusste Reflexion des Klienten, aber auch durch unbewusste Vorgänge. Der Coach erarbeitet zudem gemeinsam mit dem Klienten herausfordernde Aufgaben im Sinne von Verhaltensexperimenten, die der Klient bis zur nächsten Sitzung durchführt.
- **Bereit sein, jederzeit aufzuhören:** Die Coaching-Beziehung erfordert beiderseitiges Commitment in den Prozess und in die Entwicklung des Klienten. Wenn der Klient nicht bereit oder fähig ist dies zu geben, ist es mitunter die wirksamste Intervention des Coachs, die Coaching-Beziehung beenden zu können und auch aus diesem Bewusstsein heraus mit dem Klienten zu arbeiten.
- **Das Thema ist nicht das wirkliche Thema:** Der Klient sucht die Zusammenarbeit mit einem Coach, um mit diesem an einem bestimmten Thema oder Problem zu arbeiten. In aller Regel stellt dieses vordergründige Thema lediglich die Oberfläche dar, unterhalb derer sich das eigentliche Problem be-

findet, um das es wirklich im Coaching gehen sollte. Dieses eigentliche Thema gilt es herauszufinden.

- **Man kann nur mit dem arbeiten, was durch die Tür kommt:** Auch wenn Arbeitsauftrag und Coaching-Mandat klar sind, kann es sein, dass es im Leben des Klienten zu Krisen, Konflikten oder Störungen kommt. Unter diesen Umständen ist es die erste Priorität des Coachs, zunächst die Arbeitsfähigkeit des Klienten zu gewährleisten. Dies kann auch bedeuten, für einen bestimmten Zeitraum an einem Thema zu arbeiten, das nichts mit dem eigentlichen Coaching-Mandat zu tun hat. Es ist allerdings auch die Aufgabe des Coachs, die Arbeit nach Herstellung der Arbeitsfähigkeit wieder auf das eigentliche Thema des Coaching zu lenken.
- **Das System im Blick haben:** Der Coach arbeitet nie nur mit einem Klienten, sondern immer auch mit dem System, mit dem der Klient in Beziehung und Wechselwirkung steht. Von daher hat er stets die Auswirkungen von veränderten Verhaltensweisen des Klienten auf dessen System im Blick.

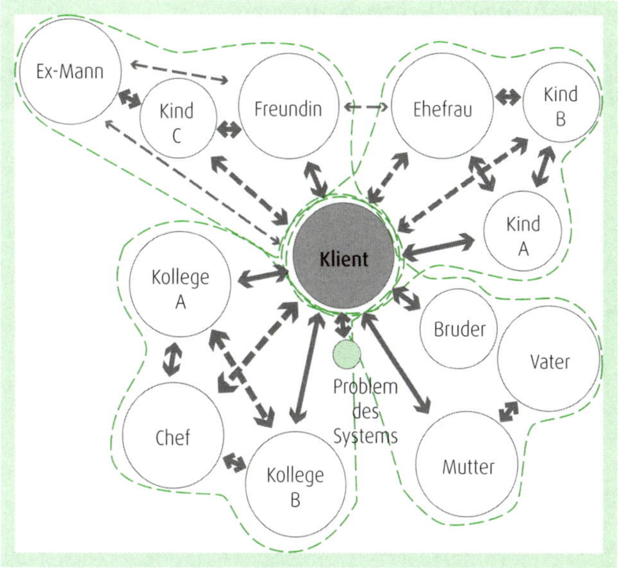

Das System im Blick

- **Wenn es nicht fließt – Metaperspektive:** Mitunter fließt in der Zusammenarbeit von Coach und Klient die Energie nicht; der gemeinsame Prozess, der sonst mühelos abläuft, kommt ins Stocken. In diesen Fällen ist es sinnvoll, das momentan empfundene Stocken im Prozess zu artikulieren und eine Metaperspektive einzunehmen, um gemeinsam mit dem Klienten zu schauen, ob eine Störung in der Beziehung oder anderer Natur vorliegt.

- **Übertragung & Gegenübertragung:**

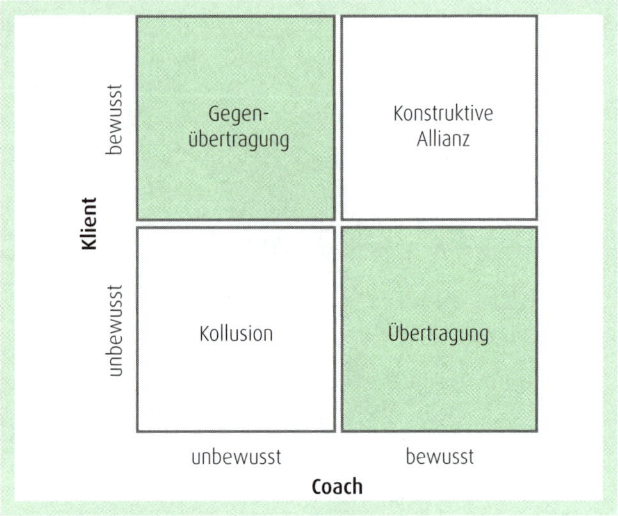

Übertragung/Gegenübertragung

Coach und Klient übertragen wechselseitig unbewusst emotionale Zuschreibungen auf ihr Gegenüber, die in Assoziationen und Erinnerungen des jeweiligen Senders begründet sind. Dies ist bei einer intensiven Form der Zusammenarbeit nicht zu verhindern. Wenn der Klient unbewusst eine emotionale Ladung auf den Coach projiziert, kann es Sinn machen, dies mithilfe der Meta-Perspektive im Coaching anzusprechen. Wenn der Coach emotionale Zuschreibungen gegenüber seinem Klienten an sich bemerkt, so sollte er dies außerhalb der Coaching-Beziehung in seiner Supervision klären. Wenn beide unbewusst emotionale Anteile aufeinander projizieren, spricht man auch von »Kollusion«. In diesem Fall ist eine weitere Zusammenarbeit aller Wahrscheinlichkeit nach für das Anliegen des Klienten nicht sinnvoll.

- **Scheitern & Feedback:** Der Sinn des Experimentierens ist es, Fehler zu machen und aus diesen zu lernen. Von daher gibt es kein Scheitern, sondern alles ist Feedback für den Lernprozess. Dies gilt gleichermaßen für Klient und Coach.

Haltung sich selbst gegenüber

- **Ebenen des Hörens:** Der Coach kann dem Klienten auf drei Ebenen zuhören, die der eigentlichen Zielsetzung des Klienten aber nicht alle gleichermaßen zuträglich sind.

1	Sich selbst zuhören	Die Aufmerksamkeit des Coachs gilt vor allem seiner eigenen Geschichte, nicht der des Klienten.
2	Fokussiertes Zuhören	Der Coach hört der Geschichte des Klienten aufmerksam zu.
3	Aktives Zuhören	Der Coach nimmt sowohl die verbalen Informationen als auch die nonverbalen Botschaften hinter der Geschichte des Klienten wahr.

Es ist für die Entwicklung des Klienten am ehesten förderlich, wenn der Coach sich möglichst oft auf den Ebenen 2 und 3 des Zuhörens befindet. Die Ebene 1 entspricht am ehesten der Expertenberatung und sollte von daher nur in Ausnahmefällen gewählt werden.

- **Kraftvolle Fragen & Suggestionen:** Der Coach ist ein Künstler des Fragenstellens. Seine Fragen regen Denkvorgänge an und eröffnen dem Klienten neue Möglichkeiten und Sichtweisen.
- **Reden ist Silber, Schweigen ist Gold:** Kraftvolle Fragen gefolgt vom entspannt abwartenden Schweigen des Coachs sind für den Klienten hilfreich. Der Coach muss hier der Tendenz widerstehen, als Gegenleistung für sein Honorar ein Feuerwerk an Interventionen und Fragen »abzubrennen«.
- **Erkenntnisse & Ratschläge:** Erkenntnisse, die der Klient aus eigener Kraft über sich gewinnt, sind tausendmal wirksamer und daher mehr wert als Ratschläge, die der Coach dem Klienten gibt. Der Coach unterstützt den Klienten dabei durch das Stellen von kraftvollen Fragen.
- **Ratschläge transparent machen:** Mitunter kann es sinnvoll und auch im Sinne der Entwicklung des Klienten sein, als Coach einen Ratschlag auf Basis der eigenen Lebenserfahrung zu erteilen. In diesem Fall ist es wichtig, transparent zu machen, dass man jetzt, in diesem Moment, aus der Rolle des erfahrenen Executive heraus agiert und nicht aus der Rolle des Coachs. Dies kann verbal geschehen oder dadurch, dass man sich auf einen anderen Stuhl setzt (Positionswechsel).
- **Interventionen sind Krücken:** Der Sinn der Arbeit im Coaching ist es, dem Klienten bei seiner Entwicklung dienlich zu sein. Interventionen sind dabei ein mögliches Mittel, stellen aber keinen Selbstzweck dar.

- **Eigenwahrnehmung & Intuition:** Um dem Klienten und seinem Anliegen dienlich zu sein, achtet der Coach auf seinen Energielevel und seinen inneren Zustand. Er hört auf seine inneren Stimmen und seine Intuition und bringt diese in geeigneter Weise in den Coaching-Prozess ein.
- **Selbstmanagement:** Es ist die Aufgabe des Coachs, seine eigene Leistungsfähigkeit zum Wohle des Klienten sicherzustellen, denn eine Intervention ist nur so gut wie die innere Verfassung des Coachs. Von daher ist das Selbstmanagement der eigenen Emotionalität und Verfassung sowie des Energielevels eine wichtige Fähigkeit des Coachs.
- **Komfortzone & Neuland:** Auch der Coach verlässt bei seiner Arbeit mitunter seine Komfortzone und betritt Neuland. Seine Aufgabe ist es dann, im Sinne des Klienten sorgsam abzuschätzen, ob er mit diesem Maß an Neuland umgehen kann und will.
- **Wenn etwas nicht funktioniert, probiere etwas anderes:** Es gibt keine schlechten Klienten, nur unflexible Coachs. Von daher ist es stets sinnvoll, wenn der Coach auf verschiedene Vorgehensweisen und Interventionen zurückgreifen kann, um dem Klienten von Nutzen zu sein.

Professionalität des Coachs

Neben der Haltung des Coachs wurde auch das Verständnis von Professionalität entscheidend von den Einflüssen aus verschiedenen Denkschulen der Psychotherapie geprägt. Hier eine Übersicht der wesentlichen Elemente.

Vertraulichkeit	Der Coach wahrt zu jeder Zeit die vollständige Verschwiegenheit über alle Inhalte des Coachings.	
Multi-Loyalität	Der Coach verhält sich loyal verschiedenen Parteien gegenüber: Zum einen gegenüber dem Klienten selbst und dessen Potenzial für Wachstum. Die Loyalität drückt sich hier im Wesentlichen durch die Haltung und die Verschwiegenheit des Coachs aus. Zum anderen ist er loyal gegenüber den Vertretern der beauftragenden Firma, wie z. B. dem Vorgesetzten oder der Personalabteilung. Die Loyalität besteht hier vor allem darin, dafür Sorge zu tragen, dass die tatsächlichen Inhalte des Coachings mit dem vereinbarten Coaching-Ziel des Auftraggebers übereinstimmen.	
Vertrag ist Vertrag	Der Coach erarbeitet mit dem Klienten sein Mandat für das Coaching und hält sich daran. Er thematisiert Abweichungen des Klienten vom Mandat insbesondere dann, wenn sie nicht der Entwicklung des Klienten dienen oder die Multi-Loyalität des Coachs verletzen.	
Drei Freiheiten des Coachs	1	Freiheit, nicht vom Klienten geliebt werden zu müssen: Manchmal ist es für die Entwicklung des Klienten wichtig, diesen mit unangenehmen Wahrheiten zu konfrontieren und evt. damit auch kurzfristig zu verärgern. Mittelfristig ist dies sehr sinnvoll für seine Entwicklung, denn das Feedback arbeitet in ihm und stößt Veränderungsprozesse an.

	2 Freiheit von den Zielen und Sichtweisen des Klienten: Mitunter kann es passieren, dass der Coach sich die Ziele und Sichtweisen des Klienten zu eigen macht und dafür mit in die Verantwortung geht. Damit verliert er die kritische Distanz und Unbefangenheit gegenüber dem Klienten und kann dessen Entwicklung nicht mehr optimal dienen. Von daher ist es wichtig sicherzustellen, dass die Verantwortung für das Erreichen der Ziele während des gesamten Prozesses beim Klienten ist und bleibt. 3 Wirtschaftliche Freiheit: Der Coach darf auf die Einkünfte aus dem konkreten Coaching-Mandat nicht angewiesen sein. Er kann sonst dem Wachstum des Klienten nicht optimal dienlich sein, da er unbewusst versucht, ihn in der Coaching-Beziehung zu halten.
Kenntnis der eigenen Grenzen	Jeder Coach hat Grenzen in der Zusammenarbeit mit Klienten, innerhalb derer er sich kompetent, sicher und wohlfühlt. Es gehört zur Professionalität des Coachs wahrzunehmen, wann diese Grenzen erreicht bzw. überschritten sind, und entsprechend zu handeln. Das kann bei einem Klienten, der unter Depressionen leidet, die Vermittlung an einen Psychotherapeuten sein. Bei einem Klienten, bei dem es auf der Beziehungsebene zu viele Störungen gibt, kann es die Beendigung des Coachings sein bzw. die Vermittlung an einen anderen Coach.
Interessenskonflikte offenlegen	Der Coach wird stets darum bemüht sein, jedwede Form von Interessenskonflikten offenzulegen, welche die Vertrauensbeziehung zum Klienten gefährden können. Dies wäre z.B. dann der Fall, wenn der Coach auch einen Kollegen des Klienten coachen soll, mit dem dieser einen tiefgehenden Konflikt hat.

Anerkennung ethischer Richtlinien	Die Tätigkeit als Coach ist nicht durch einen Berufsstand oder rechtliche Grundlagen reglementiert. Daher gehört es zur Professionalität des Coachs, einem anerkannten Berufsverband beizutreten und damit die dort definierten ethischen Richtlinien anzuerkennen, an deren Umsetzung der Kunde ihn dann messen kann.
Qualitätssicherung	Jeder Coaching-Prozess bedarf der Sicherstellung der Beratungsqualität. Dies kann geschehen durch sog. Quality Assurance Calls – Gesprächen des Klienten mit einem neutralen Dritten – oder durch eine schriftliche Evaluation.
Prozessdokumentation	Es ist die Aufgabe des Coachs, im Coaching-Prozess die wesentlichen Erkenntnisse jeder Sitzung und die vereinbarten Aufgaben zu dokumentieren und dem Klienten zeitnah zur Verfügung zu stellen.
Supervision	Es gehört zur Professionalität des Coachs, sich in regelmäßigen Abständen mit einem Supervisor zu treffen. Mit diesem sollte er eigene Fälle, die er als problematisch empfindet, durchgehen, um sich innerlich zu klären, neue Sichtweisen und Ideen zu entwickeln und somit eigene Blockaden aufzulösen.
Fundierte Ausbildung, Zertifizierung und Weiterbildung	Eine fundierte und anerkannte Ausbildung ist absolute Voraussetzung für die Arbeit als professioneller Coach. Ebenso dazu gehören die Zertifizierung eines anerkannten Berufsverbandes und regelmäßige Fortbildungen.
Selbsterfahrung, Eigentherapie	Wenn man als Coach ein guter Spiegel für seinen Klienten sein will, dann sollte man sicherstellen, dass der Spiegel plan ist, d. h. dass die eigenen Themen des Coachs, die der Arbeit mit dem Klienten »in die Quere« kommen können, mit einem Profi z. B. im Rahmen eines Coachings oder

	einer Psychotherapie angeschaut und durchgearbeitet worden sind. Selbsterfahrung ist hierbei tiefergehender als Supervision, da letztere lediglich konkrete, problembehaftete Fälle des Coachs im Fokus hat, nicht aber seine eigene Person.
Rahmenbedingungen klären	Zu den Aufgaben eines Coachs gehört auch das Schaffen transparenter Absprachen zu organisatorischen Rahmenbedingungen, innerhalb derer das Coaching abläuft. So sollten z. B. Fristen zur Terminverschiebung, die Erreichbarkeit des Coachs zwischen den Sitzungen und der Prozess der Rechnungslegung klar definiert werden.
Unterstützung komplexerer Programme	Bei größeren Coaching-Programmen mit vielen involvierten Klienten und mehreren Coachs erhöhen sich die Erwartungen an den Coaching-Anbieter als Unternehmen. Dann ist es erforderlich, einen zentralen Ansprechpartner auf Seiten der Coaching-Firma zu benennen und gemeinsam mit dem Kunden Prozesse für die Zusammenarbeit festzulegen, z. B. zum Matching Klient/Coach, zum Status-Reporting und einer Form der Regelkommunikation, um z. B. strukturiert mit möglichen Interessenskonflikten innerhalb des Programms umgehen zu können.

Zur Anwendung der Interventionen

Coachs haben einen unverkrampften und vor allem undogmatischen Zugang zu den verschiedenen Techniken, die heute im Coaching Verwendung finden, frei nach dem Motto von Paracelsus »Qui curat, vincit« (»Wer heilt, hat Recht«). Und der Erfolg gibt ihnen tatsächlich Recht, denn Coaching gilt heute als das mit Abstand effektivste Instrument zur Personal- und Führungskräfteentwicklung. Es ist noch dazu das einzige Format, das in der Lage ist, eine nachhaltige Verhaltensänderung bei einer Führungskraft zu bewirken.

Psychologie und Psychotherapie haben über viele Jahrzehnte vorgelebt, aus und neben alten Konzepten eher neue zu entwickeln, als alles miteinander zu integrieren. Coaching dagegen war von Anfang an anders, denn es ist keine Wissenschaft und hatte auch nie vor eine zu sein. Schon die Anfänge waren geprägt von integrativer Experimentierfreude und konzeptionellem Pragmatismus nach dem Prinzip »Trial and Error«. Auch gab es keine Bestrebungen, aufwendige eigene Persönlichkeits- oder Verhaltensmodelle zu entwerfen, denn diese waren ja schon in ausreichender Vielfalt in der Psychologie und Psychotherapie vorhanden. Gerade weil zahlreiche Strömungen auf die neue Beratungsdisziplin eingewirkt haben, führte dies interessanterweise nicht zur Ausprägung von sich gegeneinander abgrenzenden oder gar bekämpfenden Denkschulen, was sicherlich auch ein großer Verdienst der Coachs der ersten Stunde war. Stattdessen hat sich eine Art »Eklektischer Kern« im Coaching ausgeprägt, der über die Zeit wächst und immer neue ergänzende Elemente von Haltungen, Modellen und Interventionen in sich aufnimmt.

Viele dieser bewährten Coaching-Techniken werden in den folgenden Kapiteln dargestellt – orientiert am Modell Leadership Choices, das sich vor allem beim Coaching von Führungskräften bewährt hat.

Die Bestandsaufnahme

In diesem Kapitel werden gängige Coaching-Interventionen vorgestellt, die bei der Erarbeitung der Ausgangssituation, der Ressourcen und der Ziele des Klienten sowie bei der Analyse seiner Werte und Überzeugungen helfen können.

Wertearbeit

Dauer: 1 bis 2 Stunden

Was steckt dahinter?

Die Wertearbeit hat ihren Ursprung in der Logotherapie Viktor Frankls. Sie wurde durch Interventionen des Neurolinguistischen Programmierens (NLP) populär gemacht.

Werte sind grundlegende Faktoren, die der inneren Orientierung dienen. Sie sind abstrakt und haben in der Sprache des Klienten eine Bedeutung. Sie bilden eine Art Koordinatensystem, das dem Klienten hilft, für sich »gut« von »schlecht« und »hilfreich« von »weniger hilfreich« zu unterscheiden. Werte werden in der Kindheit geprägt und sind prinzipiell zeitstabil.

Abhängig von der Lebensphase können neue Werte hinzukommen, z. B. »Familie« nach der Geburt des ersten Kindes. Ebenso können Werte aufgrund konkreter Vorfälle in ihrer Bedeutung zunehmen, z. B. »Gesundheit« nach einem Todesfall im engeren Umfeld des Klienten. Werte können im Laufe der Zeit auch an Bedeutung verlieren, z. B. »Anerkennung« nach einer langen, erfolgreichen Karriere.

Wann bietet sich die Intervention an?

Diese Intervention ist immer dann hilfreich, wenn ein unbewusster Wertekonflikt beim Klienten besteht.

Zielsetzung

Ein Erklärungsmodell für die inneren Konflikte des Klienten zur Verfügung stellen

Dem Klienten helfen, sich seiner Werte in Form einer Hierarchie bewusst zu werden

Einen Bezugsrahmen für die Bewertung von Entscheidungsoptionen schaffen

Neue Prioritäten und Handlungsoptionen erarbeiten

Voraussetzungen

Die Abstraktionsfähigkeit des Klienten ist gegeben.

Die Fähigkeit und das Interesse zu wachstumsorientiertem Arbeiten sind beim Klienten vorhanden.

Der Klient verspürt keinen akuten Problemlösungsdruck.

Ergebnis

Wertehierarchie des Klienten

Die Vorgehensweise

Vorbereitung

Während des Gesprächs achtet der Coach darauf, welche Werte in den Schilderungen des Klienten durchscheinen und macht sich entsprechende Notizen.

Der Coach macht den Klienten mit dem Werte-Konzept vertraut.

Durchführung

- Der Coach erfragt die Werte des Klienten, z. B., indem er ihn seinen perfekten Arbeitstag schildern lässt.
- Je nach Abstraktionsfähigkeit des Klienten kann er auch fragen, was ihm in seinem Leben wirklich wichtig ist.

> Manche Klienten haben einen leichten Zugang zu ihren Werten, andere tun sich schwerer damit. Das ist okay.

- Für jeden vom Klienten genannten Aspekt erfragt der Coach, was daran für den Klienten so wichtig ist bzw. was daran den Wert für ihn ausmacht. Mitunter ist es nötig, diese Frage mehrfach zu wiederholen, um die Essenz des Wertes zu erfassen. Es ist wichtig, dass der Coach hier sehr auf seine Intuition achtet und in der Lage ist, zwischen dem, was der Klient sagt, und dem, was er eigentlich meint, zu unterscheiden.
- Der Coach erfragt die genaue Bezeichnung für den Wert in der Sprache des Klienten, so dass die Essenz des Wertes für den Klienten deutlich wird. Die Bezeichnung kann dabei auch

eine Metapher oder ein Kunstwort sein – Hauptsache, sie hat eine konkrete Bedeutung für den Klienten.

- Wenn der Klient sich damit schwertut, kann der Coach ihn dabei unterstützen, indem er ihm Optionen anbietet.
- Jeden Wert schreibt der Coach einzeln auf eine Metaplankarte und legt diese auf einem Tisch oder auf dem Boden aus.
- Wenn 10 bis 20 Werte erreicht sind, erfragt der Coach, ob noch wichtige Werte fehlen.
- Dann fordert er den Klienten auf, die Werte in eine Hierarchie zu bringen, d. h. die Karten nach ihrer Bedeutung für ihn zu sortieren.
- Abschließend lässt der Coach den Klienten für jeden seiner Werte auf einer

Skala von 1 bis 10 einstufen, wie sehr er diesen Wert zurzeit lebt.

- Im Verlauf der weiteren Coaching-Sitzungen kann immer wieder auf die Werte des Klienten referenziert werden. Es ist gut möglich, dass dabei noch weitere Werte auftauchen, die dann in die Wertehierarchie eingefügt werden können.

Abschluss

- Der Coach erfragt vom Klienten, wie die erarbeitete Wertehierarchie zu dessen aktueller Lebenssituation in Beziehung steht.
- Er erfragt außerdem, wie die Wertehierarchie den Umgang des Klienten mit seinen aktuellen Lebensthemen beeinflussen wird.

Die Wertearbeit lässt sich gut mit der »Biographiearbeit mit Identities« kombinieren (siehe die gleichnamige Intervention).

Arbeit mit Glaubenssätzen

Dauer: 1 bis 2 Stunden

Was steckt dahinter?

Das Konzept der Glaubenssätze ist unter verschiedenen Bezeichnungen ein zentrales Element zahlreicher Therapieansätze, wie z.B. der Individualtherapie Alfred Adlers, der Transaktionsanalyse Eric Bernes, der Rational-Emotiven Verhaltenstherapie von Albert Ellis und der Kognitiven Therapie von Aaron T. Beck. Glaubenssätze entstehen dadurch, dass ein Kind bestimmte Strategien entwickelt und Entscheidungen trifft, um das Leben in seiner Herkunftsfamilie möglichst gut zu meistern. Diese Entscheidungen werden mit Kinderlogik getroffen und treten in Form von einfachen Überzeugungen auf, die sich das Gehirn unbewusst zu eigen macht. Wenn das Kind erwachsen wird, ist es nicht mehr auf die Möglichkeiten und Sichtweisen eines Kindes beschränkt. Dennoch existiert der Glaubenssatz fort und beeinflusst das Handeln des Erwachsenen, meist ohne sein Wissen oder Zutun. Glaubenssätze sind dabei weder gut noch schlecht, allerdings erzeugen sie emotionalen Nutzen und haben auch emotionale Kosten, die mitunter erheblich sein können.

Wann bietet sich die Intervention an?

Es ist eine unbewusste Überzeugung die eigene Person oder das Leben betreffend vorhanden, die den Klienten belastet und ihn bei der Erreichung seiner Ziele behindert.

Zielsetzung

Dem Klienten ein Erklärungsmodell für seine innere Grundhaltung zur Verfügung stellen

Identifizieren und Herausarbeiten des Glaubenssatzes

Durchführen einer emotionalen Bilanz

Umwandeln des Glaubenssatzes

Voraussetzungen

Die Abstraktionsfähigkeit des Klienten ist gegeben.

Die Fähigkeit und das Interesse zu wachstumsorientiertem Arbeiten sind beim Klienten vorhanden.

Zumindest die wichtigsten Werte des Klienten sind bekannt.

Ergebnis

- Ursprünglicher Glaubenssatz
- Emotionale Bilanz
- Transformierter Glaubenssatz

Die Vorgehensweise

Vorbereitung

Der Coach hat sich mit der Kindheit des Klienten vertraut gemacht.

Während der Sitzung entwickelt der Coach Hypothesen, welcher Art der Glaubenssatz sein könnte.

Der Coach erläutert dem Klienten das Glaubenssatz-Modell.

Durchführung

- Der Coach erfragt, welche prinzipiellen Entscheidungen der Klient als Kind über das Leben getroffen hat. Diese Entscheidungen sind meist in Kindersprache und mit Kinderlogik formuliert.

- Mit Glaubenssätzen lässt sich am besten im Format »wenn – dann« und mit der Wortwahl des Klienten arbeiten. Beispiel: »Wenn ich den Mund aufmache, dann trampeln alle auf mir herum.«
- Wenn der Glaubenssatz für den Klienten stimmig ist, führt der Coach mit ihm eine emotionale Bilanz dieses Satzes durch und dokumentiert diese z. B. auf einem Flipchart (siehe dazu die Grafik unten).
- Dabei erfragt er vom Klienten, was der Satz für sein Leben bisher alles Gutes bewirkt hat. Und er fragt ihn auch, was der Satz ihn schon gekostet hat und noch kosten wird.

Bisheriger Glaubenssatz: Wenn ich den Mund aufmache, trampeln alle auf mir herum.	
+	–
Habe viele Freunde	Kann mich schlecht durchsetzen
Habe ein harmonisches Umfeld	Scheue Konflikte
Bin sehr diplomatisch	Habe häufig Bauchschmerzen
	Bin manipulierbar

- Danach erarbeitet der Coach gemeinsam mit dem Klienten einen neuen transformierten Glaubenssatz. Dazu fragt er den Klienten z. B.: »Welcher neue Glaubenssatz würde Ihnen denselben emotionalen Nutzen bringen, Sie aber weniger kosten?«
- Der Coach unterstützt den Klienten bei der Formulierung seines transformierten Glaubenssatzes, indem er ihm hilft, diesen mit seinen Werten, seiner Lebensvision oder anderen

Ressourcen zu verknüpfen. Dadurch wird der Satz kraftvoll für den Klienten.

- Wenn der neue Satz sich für den Klienten stimmig und kraftvoll anfühlt, wird auch dieser auf dem Flipchart festgehalten. Um dies festzustellen, kann man den Klienten bitten, den neuen Glaubenssatz mehrfach laut zu auszusprechen.

Beispiel für neuen Glaubenssatz: »Indem ich mich meiner Angst stelle, schaffe ich etwas Tolles!«

Abschluss

Der Coach steuert die Erwartungen des Klienten dahingehend, dass dieser neue Glaubenssatz viel Übung braucht, um Kraft und Nachhaltigkeit zu entwickeln. Daher entwickelt er durch geeignete Fragen mit dem Klienten Strategien, wie dieser sich selbst im Alltag regelmäßig an seinen neuen Glaubenssatz erinnern kann.

Der Coach bietet dem Klienten außerdem ein passendes Verhaltensexperiment als Hausaufgabe an, bei dem der neue Glaubenssatz eingesetzt werden muss. Beispiel: »Bis zur nächsten Sitzung werde ich meinen neuen Glaubenssatz auf fünf für mich sonst schwierige Situationen anwenden.«

Competing Commitments

Dauer: 1 bis 2 Stunden

Was steckt dahinter?

Das Modell der »Competing Commitments« basiert auf der Arbeit des Harvard-Professors Robert Keagan und seiner Kollegin Lisa Laskow Lahey. Es fußt auf dem Konzept des »Sekundären Krankheitsgewinns« aus der Psychoanalyse Sigmund Freuds.

Wann bietet sich die Intervention an?

Der Klient möchte bewusst eine Veränderung in seinem Verhalten herbeiführen, findet aber viele vorgeschobene Gründe, diese Veränderung letztlich doch nicht umzusetzen.

Zielsetzung

Dem Klienten ein Erklärungsmodell für sein vordergründig unlogisches Verhalten an die Hand geben

Identifizieren und Herausarbeiten von unbewussten Persönlichkeitsanteilen, wie z. B. verborgenen Motiven und fundamentalen Annahmen, die das Handeln des Klienten bestimmen

Kritisches Hinterfragen dieser Motive und Annahmen

Voraussetzungen

Vorliegen eines Selbstboykotts beim Klienten in Bezug auf das Erreichen seiner Ziele

Bereitschaft des Klienten, sich zu öffnen und über verborgene Bewusstseinsanteile zu sprechen

Ergebnis

Klarheit beim Klienten hinsichtlich seiner verborgenen Anteile

Die Vorgehensweise

Vorbereitung

Der Coach erarbeitet mit dem Klienten ein konkretes Ziel, das dieser kognitiv erreichen möchte, an dessen praktischer Umsetzung er jedoch immer wieder scheitert.

Durchführung

- Der Coach strukturiert z. B. ein Flipchart in vier Bereiche:

1. Eigentliches Ziel
2. Innerer Boykott
3. Verborgenes Motiv
4. Fundamentale Annahme

- In den Bereich »Eigentliches Ziel« lässt er den Klienten das Ziel hineinschreiben, an dem dieser arbeiten möchte. Beispiel: »Mein Team zu Höchstleistung führen.«

- Daraufhin erarbeitet der Coach mit dem Klienten, welche Verhaltensweise ihn am meisten daran hindert, sein eigentliches Ziel zu erreichen.
- Das Resultat lässt er den Klienten im Bereich »Innerer Boykott« festhalten. Beispiel: »Ich halte Termine meiner Mitarbeiter nicht genügend nach und lasse zu viel Schlendrian durchgehen.«
- In der Folge hinterfragt der Coach, was wohl das verborgene Motiv seines Klienten hierbei sein könnte. Dieses Motiv entspricht dem Konzept des Krankheitsgewinns in der Psychoanalyse. Das Ergebnis lässt er wieder vom Klienten dokumentieren, diesmal bei »Verborgenes Motiv«. Beispiel: »Ich schätze meine Freiheit und halte mich selber nicht gerne an Termine.«
- Für den Klienten ist es in der Regel hilfreich zu verstehen, dass sein als Selbstboykott empfundenes Verhalten logisch und sinnvoll ist, denn es dient der Erfüllung seiner verborgenen Absicht.
- Nun erarbeitet der Coach mit dem Klienten, welche fundamentale Annahme hinter seinem verborgenen Motiv steckt. Das Ergebnis lässt er vom Klienten bei »Fundamentale Annahme« aufschreiben. Beispiel: »Um eine gute Führungskraft zu sein, muss ich alles mindestens genauso gut machen wie meine Mitarbeiter.«

Abschluss

Der Coach hinterfragt die fundamentale Annahme des Klienten auf Stichhaltigkeit. Er forscht nach Situationen, in denen sie nicht oder ganz besonders zutrifft. Ebenso fragt er den Klienten nach dessen Vorbildern in Bezug auf das Befolgen bzw. Ignorieren dieser fundamentalen Annahme. Beispiel: »Kennen Sie eine wirklich gute Führungskraft, die nicht alles besser macht als ihre Mitarbeiter?«

Die »Fundamentale Annahme« stellt dabei eine Art von Glaubenssatz dar und kann von daher auch wie ein Glaubenssatz zu etwas Konstruktivem transformiert werden (siehe die Intervention »Arbeit mit Glaubenssätzen«). Ebenso kann sie als Anknüpfungspunkt für Hausaufgaben und Folgesitzungen dienen.

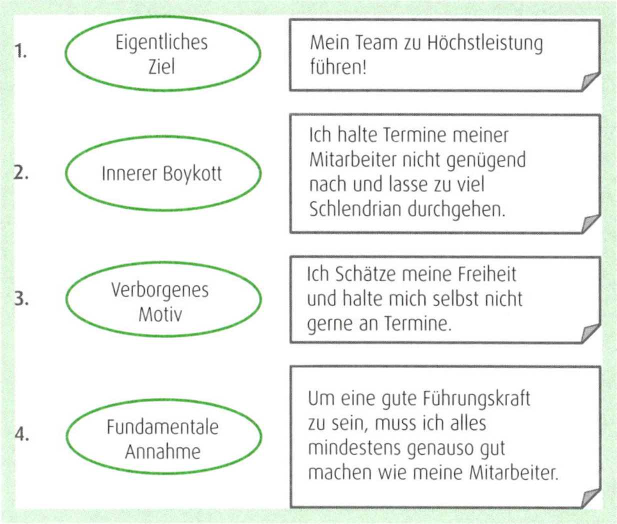

Competing Commitment – ein Beispiel

Biographiearbeit

Dauer: 1,5 bis 2,5 Stunden

Was steckt dahinter?

Diese Intervention hat ihre Ursprünge in der Logotherapie Viktor Frankls. Hier wird ausgehend vom aktuellen Coaching-Auftrag des Klienten seine Lebensgeschichte gemeinsam mit dem Coach nach Lebensthemen, Verhaltensmustern, Bewältigungsstrategien, Ressourcen und Entscheidungen durchsucht.

Wann bietet sich die Intervention an?

Der Klient ist sich der Auswirkungen seiner Biographie auf sein gegenwärtiges Leben und Erleben nicht bewusst.

Zielsetzung

Den Klienten und seine Vergangenheit besser kennenlernen

Ressourcen, Traumata, Lebensthemen und Entscheidungsmuster im Lebenslauf des Klienten entdecken

Voraussetzung

Der Klient verspürt keinen akuten Problemlösungsdruck.

Ergebnis

- Darstellung der Biographie des Klienten mit wesentlichen Lebensstationen und Entscheidungen
- Erkenntnis über Lebensthemen, Überzeugungen und Entscheidungen des Klienten

Die Vorgehensweise

Vorbereitung

Der Coach führt zunächst das Thema der Biographiearbeit und ihrer Hintergründe ein.

Der Coach zeichnet ein Diagramm mit den Achsen »Zeit« sowie »Energie, Zufriedenheit« z.B. auf ein Flipchart (siehe die Grafik unten).

Durchführung

- Gemeinsam mit dem Coach geht der Klient zurück in seine Vergangenheit und schildert die wesentlichen Stationen seines Lebens.
- Der Coach bittet den Klienten, zu den wesentlichen Stationen seiner Biographie jeweils sein zu dem damaligen Zeitpunkt empfundenes Maß an Energie und Zufriedenheit in das Diagramm einzutragen.
- Bei jedem der Punkte erfragt er vom Klienten die Hintergründe zu dem eingetragenen Skalenwert.
- Anschließend bittet er den Klienten, sich sein Lebensdiagramm erneut anzuschauen und ihm seine Gedanken dazu mitzuteilen.
- Schließlich fordert der Coach den Klienten auf, zu den wesentlichen Richtungswechseln in seiner Biographie jeweils die Veränderungen im Außen und die dazugehörigen bewussten oder unbewussten Entscheidungen zu benennen.
- Diese Veränderungen und Entscheidungen werden vom Coach im Diagramm gesondert dokumentiert.
- Der Coach erfragt die Gedanken und Erkenntnisse des Klienten zu seiner Biographie und zu etwaigen Mustern, die dieser darin erkennen kann.

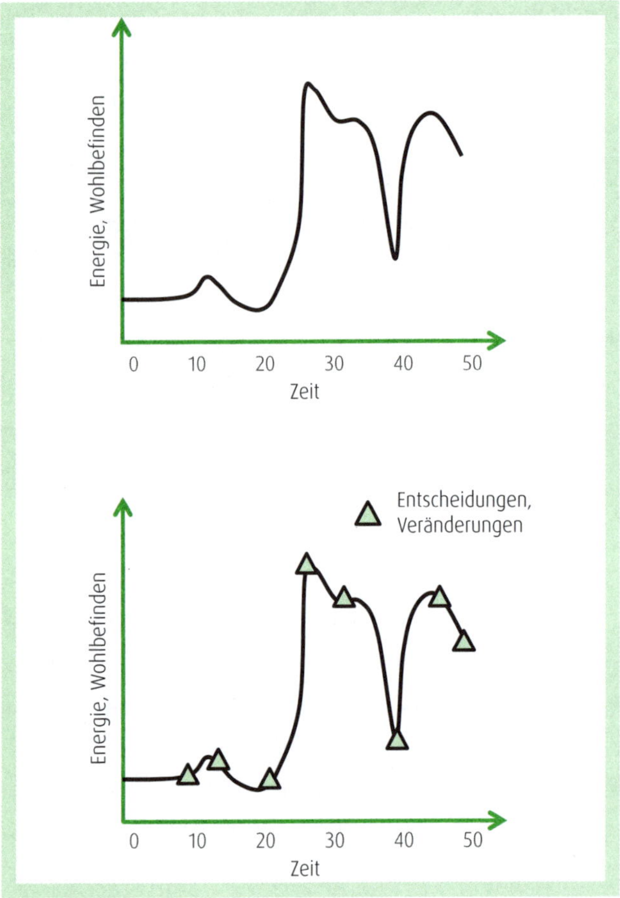

Biographiearbeit

Abschluss

Coach und Klient reflektieren gemeinsam, welche Auswirkung die Biographie des Klienten auf sein heutiges Leben und Erleben haben könnte. Eine Intervention, die sich gut für die weiterführende Arbeit eignet, ist »Design der Zukunft (Timeline)«, siehe dort.

Biographiearbeit mit Identities

Dauer: 1,5 bis 2,5 Stunden

Was steckt dahinter?

Die Grundlage dieser Intervention ist in der »Biographiearbeit« der Logotherapie Viktor Frankls zu finden. Das Konzept wurde von NLP aufgegriffen und weiterentwickelt.

Der amerikanische Soziologe Morris Massey beschrieb drei wesentliche Phasen der Sozialisation eines Menschen, innerhalb derer seine grundlegenden Werte geprägt werden. Der amerikanische NLP-Trainer Tad James fügte später noch eine weitere Phase dazu. Die Phasen sind:

0 bis 7 Jahre	Imprinting
7 bis 14 Jahre	Modelling
14 bis 21 Jahre	Socialising
ab 21 Jahre	Business Persona

Mitunter neigen Klienten dazu, ihre Vergangenheit undifferenziert und einseitig zu sehen. Diese Intervention hilft, anhand der Unterscheidung in verschiedene Phasen oder »Identities« ein differenziertes Bild der eigenen Vergangenheit zu gewinnen.

Wann bietet sich die Intervention an?

Der Klient hat eine negative, undifferenzierte Sichtweise auf seine eigene Sozialisation. Er ist sich der Auswirkungen seiner Biographie auf sein gegenwärtiges Leben und Erleben nicht bewusst.

Zielsetzung

Den Klienten und seine Vergangenheit besser kennenlernen

Ressourcen, Lebensthemen und Werte im Lebenslauf des Klienten entdecken

Voraussetzung

Der Klient verspürt keinen akuten Problemlösungsdruck.

Ergebnis

- Darstellung der vier »Identities« des Klienten, die jeweils eine wichtige Lebensphase repräsentieren
- Erkenntnis über Lebensthemen, Überzeugungen, Werte und Entscheidungen des Klienten

Die Vorgehensweise

Vorbereitung

Der Coach stellt zunächst das Konzept der »Identities« und dessen Hintergründe vor.

Pro Lebensabschnitt bereitet der Coach jeweils ein Flipchart vor, auf dem oben mittig das zentrale Coaching-Thema vermerkt ist.

Durchführung

- Der Coach führt den Klienten gedanklich zurück in die erste Phase seines Lebens und erfragt die charakteristischen Lebensumstände, Gefühle, Vorkommnisse und Entscheidungen in dieser Zeitspanne. Der Coach fordert den Klienten auf, dieser Lebensphase bzw. »Identity« einen charakteristischen Titel zu geben.
- Der Coach vermerkt den Titel in der Mitte des Flipcharts und die Lebensumstände, Entscheidungen etc. auf der linken Seite, die dem Erreichen des Coaching-Ziels, z.B. »Mehr Leichtigkeit und Lebensfreude spüren!«, zuträglich sein könnten. Alle Faktoren, die dem Coaching-Ziel abträglich sein könnten, notiert er dagegen auf der rechten Seite des Blattes.
- Anschließend bittet er den Klienten, sich seine »Identity« erneut anzuschauen und ihm seine Gedanken dazu mitzuteilen.
- Dieser Ablauf wird für jede der vier prägenden Lebensphasen wiederholt.

- Sodann erfragt der Coach die Gedanken und Erkenntnisse des Klienten zu seinen »Identities« und zu neuen Erkenntnissen, zu denen dieser gelangt ist.

Abschluss

Coach und Klient reflektieren gemeinsam, wie die Identities den Klienten bei der Erreichung seiner Coaching-Ziele unterstützen können.

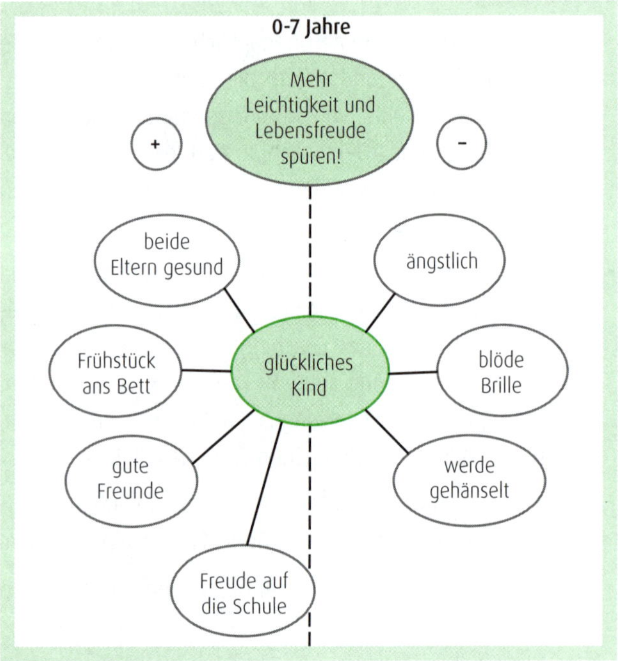

Identities – ein Beispiel

Johari-Fenster

Dauer: 0,5 bis 1,5 Stunden

Was steckt dahinter?

Entwickelt wurde dieses Modell 1955 von den amerikanischen Sozialpsychologen Joseph Luft und Harry Ingham, um das Konzept eines unbewussten Persönlichkeitsanteils zu illustrieren, der hier als »Blinder Fleck« bezeichnet wird. Konzeptionell lässt sich dieses Modell, dessen Name sich aus den Anfangsbuchstaben der Erfinder-Vornamen zusammensetzt, auf das Konzept des »Unbewussten« aus der Psychoanalyse Sigmund Freuds zurückführen.

Wann bietet sich die Intervention an?

Der Klient ist sich über die Existenz seiner unbewussten Anteile nicht im Klaren.

Zielsetzung

Dem Klienten die Existenz eigener unbewusster Persönlichkeitsanteile und deren Auswirkungen auf sein Handeln in bestimmten Situationen deutlich machen

Den Klienten für die Wichtigkeit regelmäßigen Feedbacks von Menschen in seinem Umfeld sensibilisieren

Voraussetzung

Vorliegen von Situationen, in denen der Klient die Reaktion seines näheren Umfelds auf ihn nicht nachvollziehen kann

Ergebnis

- Verständnis des Klienten für das Konzept des »Blinden Flecks«
- Erkenntnisse des Klienten über eigene unbewusste Anteile

Die Vorgehensweise

Vorbereitung

Der Coach erarbeitet mit dem Klienten eine oder mehrere Situationen, in welchen dieser Feedback zu seinem Verhalten bekommen hat, das er nicht akzeptieren konnte.

Durchführung

- Der Coach zeichnet das Johari-Fenster z.B. auf ein Flipchart (siehe die Grafiken unten, Schritt 1). Er fordert den Klienten auf, sich zu Testzwecken eine ihm nahestehende Person vorzustellen, für die er die Fenster-Felder »Öffentliche Person« und »Blinder Fleck« erarbeiten möchte.
- Der Coach erarbeitet gemeinsam mit dem Klienten die zentralen Punkte die dritte Person betreffend und bittet diesen, die Ergebnisse in das Johari-Fenster zu schreiben (siehe die Grafiken unten, Schritt 2).

Beispiel: »Öffentliche Person: Kompetent, sieht gut aus, forsch, ehrgeizig, tough«

»Blinder Fleck: Verbirgt seine Unsicherheit hinter rauer Schale & Leistung«

- Wenn der Klient das Prinzip verstanden und anerkannt hat, bittet der Coach ihn im nächsten Schritt, für sich selbst die Felder »Geheimnis«, »Öffentliche Person« und »Blinder Fleck« zu erarbeiten und auf einem weiteren Flipchart zu dokumentieren (siehe die Grafiken unten, Schritt 3). Insbesondere der Bereich »Blinder Fleck« sollte hier sorgsam aus Feedback abgeleitet werden, das der Klient erhalten hat.

  Beispiel: »Geheimnis: Finde mich selbst oft nicht gut«

  »Öffentliche Person: Tough, schnell, arbeite viel, perfektionistisch«

  »Blinder Fleck: Habe Angst, Fehler zu machen«

Abschluss

Zum Abschluss untersucht der Coach mit dem Klienten die möglichen Auswirkungen des Blinden Flecks auf dessen Handeln und erarbeitet alternative Sichtweisen, z. B. durch Reframing (siehe die Intervention »Wahrnehmungspositionen & Reframing«).

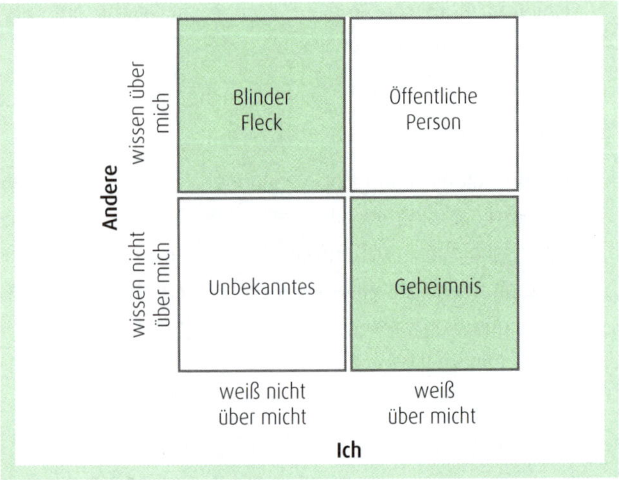

Schritt 1

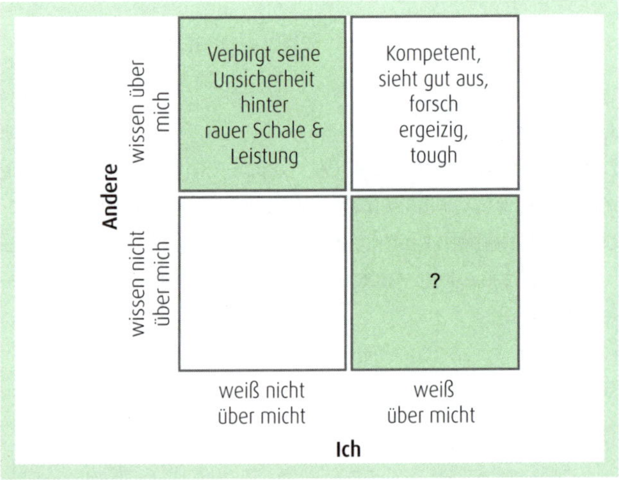

Schritt 2

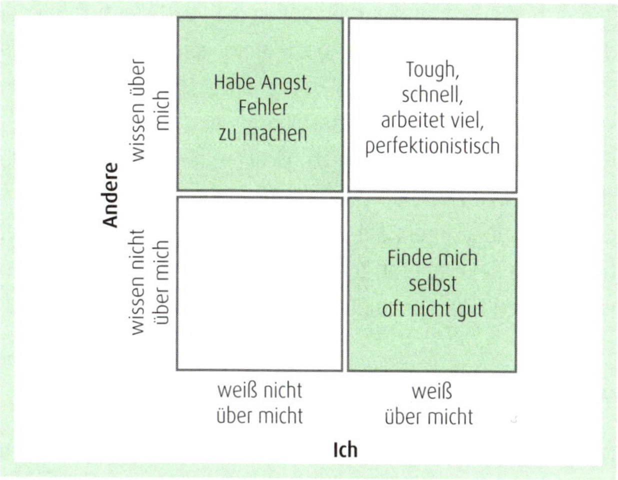

Schritt 3

Parts Party & Inneres Team

Dauer: 1 bis 2 Stunden

Was steckt dahinter?

Diese Intervention stammt aus der Systemischen Familientherapie, die den Menschen als Teil verschiedener Beziehungssysteme ansieht, in die er eingebunden ist und mit denen er in konstanter Wechselwirkung steht. Darüber hinaus erkennt sie aber auch die verschiedenen inneren Anteile des Menschen als System, das seine Persönlichkeit ausmacht. Virginia Satir, eine der Begründerinnen der Systemischen Familientherapie, prägte in den 1960er Jahren die Intervention der »Parts Party«, bei der die verschiedenen inneren Anteile eines Klienten mithilfe von Stellvertretern unter der Anleitung eines Therapeuten aufgestellt werden. Da dies im Coaching in aller Regel nicht zu bewerkstelligen ist, gibt es die Möglichkeit, die einzelnen Anteile stattdessen zu zeichnen oder sie mit Figuren oder Gegenständen zu symbolisieren. Ein Modell, das sich hieraus abgeleitet hat, ist das des »Inneren Teams«, das 1998 von dem deutschen Psychologen Friedemann Schulz von Thun vorgestellt wurde.

Wann bietet sich die Intervention an?

Der Klient leidet unter einem inneren Konflikt und fühlt sich zerrissen im Sinne eines »Einerseits – andererseits«

Zielsetzung

Die beteiligten inneren Konfliktparteien des Klienten erkennen und verstehen

Den inneren Konflikt auf eine gute und konstruktive Art lösen

Die Funktion des »Inneren Teamchefs« einführen

Voraussetzung

Experimentierfreude des Klienten

Ergebnis

- Identifikation der inneren Anteile des Klienten
- Konstruktive Klärung des inneren Konflikts

- Konzept, mit dem der Klient zukünftig auch eigenständig auftretende innere Konflikte besser bewältigen kann

Die Vorgehensweise

Vorbereitung

Der Coach führt den Klienten in die Theorie der verschiedenen Persönlichkeitsanteile ein und stellt das Konzept des inneren Teams vor.

Durchführung

- Der Coach erfragt vom Klienten, welche inneren Anteile dieser angesichts des aktuellen inneren Konflikts in sich unterscheiden kann.
- Zusätzlich geht er mit ihm verschiedene für den Klienten typische Konfliktsituationen durch und fragt jeweils, welche inneren Anteile hier aktiv sind. Der Coach bittet den Klienten daraufhin, den einzelnen Anteilen möglichst treffende Namen zu geben.
- Der Klient wird dann vom Coach gebeten, die verschiedenen Anteile entweder durch eine Zeichnung oder durch Figuren zu visualisieren und die Dynamik ihres Konflikts zu schildern.
- Für jeden der am Konflikt beteiligten inneren Anteile erfragt der Coach nun dessen wesentliche Werte und was seine Forderung oder Beschwerde in diesem Konflikt ist.

- Um den Konflikt zu beruhigen und zu entschärfen, führt der Coach einen weiteren inneren Anteil ein, nämlich den »Inneren Teamchef«.
- Nun erarbeitet er gemeinsam mit dem Klienten, welcher innere Anteil was von diesem Teamchef braucht, um sich gehört zu fühlen und sich zu beruhigen.

Abschluss

Der Coach überlegt gemeinsam mit dem Klienten, wie dieser das Modell des »Inneren Teams« in anderen problematischen Situationen für sich einsetzen kann.

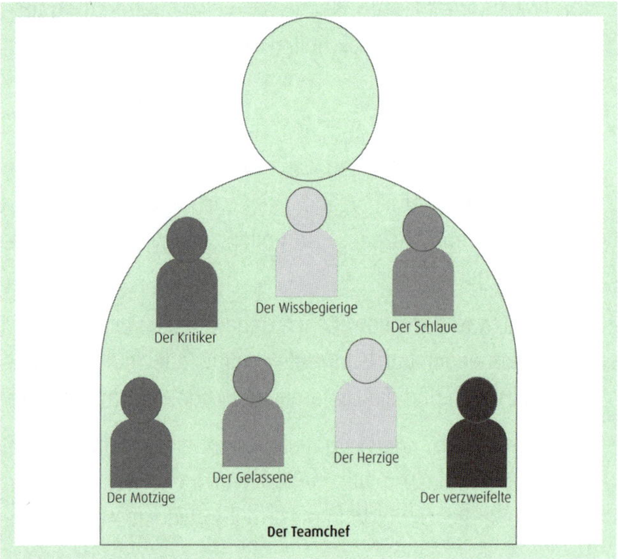

Teamchef und inneres Team

Innerer Anteil	Wert	Forderung/Beschwerde
Der Wissbegierige	Wissen, Status	Ich weiß noch nicht genug darüber!
Der Kritiker	Sicherheit	Das ist nicht gut genug!
Der Verzweifelte	Führung	Oh Gott, das geht total in die Hose!
Der Gelassene	Ruhe	Nur die Ruhe, das passt schon!

Familien-/Teambrett

Dauer: 0,5 bis 1,5 Stunden

Was steckt dahinter?

Diese Intervention stammt aus der Systemischen Familientherapie, die den Menschen als Teil verschiedener Beziehungssysteme ansieht, in die er eingebunden ist und mit denen er in konstanter Wechselwirkung steht. Das Familien- oder auch Teambrett wurde ursprünglich von dem deutsch-chilenischen Psychotherapeuten Kurt Ludewig parallel zur Entstehung der Systemischen Familientherapie entwickelt. Auf dem Familienbrett werden dabei die Beziehungen zwischen den einzelnen Systemmitgliedern mithilfe von verschiedenen Figuren dargestellt. Die Position der Figuren zueinander, ihre Größenunterschiede, ihre Nähe oder Distanz sowie ihre Blickrichtung geben Aufschlüsse über Konfliktstrukturen und Hintergründe.

Wann bietet sich die Intervention an?

Der Klient berichtet von einer Konfliktsituation in seinem Team oder in seiner Familie.

Zielsetzung

Die Dynamik des Konflikts, seine systemischen Aspekte und die Rolle des Klienten dabei klären

Gemeinsam mit dem Klienten Handlungsmöglichkeiten erarbeiten, um besser mit dem Konflikt umgehen zu können

Voraussetzung

Systemische Ausbildung des Coachs

Ergebnis

- Eine Aufstellung des Klienten-Systems mithilfe von Figuren oder Gegenständen
- Grundlegendes Verständnis der Konfliktdynamik beim Klienten
- Klärung der eigenen Position und Handlungsoptionen des Klienten

Die Vorgehensweise

Vorbereitung

Der Coach führt den Klienten in die Theorie des Familien-/Teambretts ein. Er erarbeitet mit dem Klienten den zu betrachtenden

Konflikt und die daran beteiligten Parteien bzw. die Mitglieder des Systems.

Ein Familien-/Teambrett und verschiedene Figuren oder andere beliebige Gegenstände, die eine Person oder ein Thema repräsentieren können, sind vorhanden.

Durchführung

- Der Coach bittet den Klienten, sein zu betrachtendes System inklusive seiner eigenen Person mithilfe der Figuren aufzustellen; er beobachtet ihn bei der Aufstellung.
- Danach bittet der Coach den Klienten, ihm seine spontanen Gedanken zu diesem System mitzuteilen. Beispiel: »Wie geht es diesem System jetzt gerade?«
- Der Coach nutzt außerdem zirkuläre Fragen (siehe hierzu die »Fragetechniken«), um seinem Klienten dabei zu helfen, den Konflikt aus der Sicht der anderen Beteiligten zu sehen.

BEISPIEL

»Was glauben Sie: Wie geht es Frau X in diesem System gerade?«

»Was denkt Herr Y denn darüber? Was denkt Herr Y wohl, wie es Ihnen momentan geht?«

»Was bräuchte denn Herr Y von Frau X im Moment?«

- Nachdem der Coach sich einen Überblick verschafft hat, wie es jedem der am Konflikt beteiligten Parteien in diesem aktuellen System geht, erkundigt er sich beim Klienten, ob das System verändert werden soll.

BEISPIEL

»Gibt es eine Person in diesem System, die gerne ihre Position verändern möchte?«

»Möchten Sie Ihre Position verändern?«

- Die Arbeit mit den Figuren geht solange weiter, bis sich alle am Konflikt beteiligten Parteien in der Konstellation des Systems besser fühlen als zuvor.

Abschluss

Der Coach erfragt vom Klienten, was diese Aufstellung am Systembrett und die Auflösung oder Besserung des Konflikts dort für sein »Leben da draußen« bedeutet.

Was wird der Klient neu oder anders machen, um mit dem Konflikt besser umzugehen?

Teambrett – ein Beispiel

Drama-Dreieck

Das Drama-Dreieck ist ein Modell, genauer ein sog. Spiel der Transaktionsanalyse, das im Coaching dafür eingesetzt werden kann, bestimmte unproduktive Konfliktdynamiken zu verstehen und einen Ausstieg daraus zu finden.

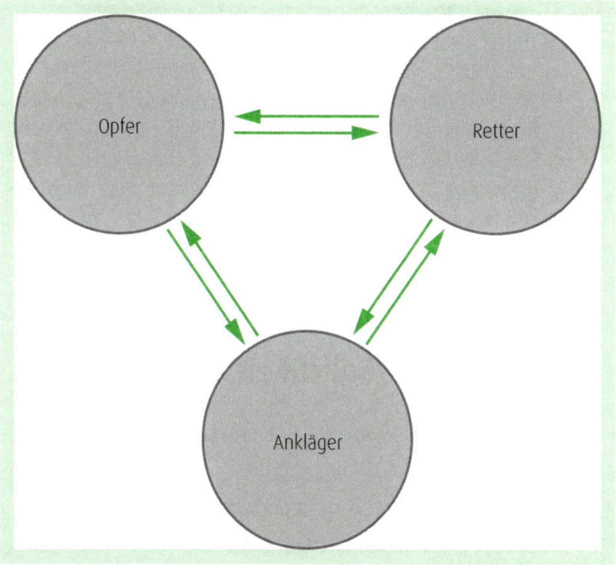

Drama-Dreieck

Das Dramadreieck beschreibt ein Beziehungsmuster zwischen mindestens zwei, meist aber drei Personen, die darin die drei Rollen »Ankläger«, »Opfer« und »Retter« einnehmen. Weiterhin gehört zum Spiel, dass die beteiligten Personen die eingenommenen Rollen in überraschender Weise tauschen, um ihr unbewusstes Bedürfnis nach Nähe und Distanz zu regulieren. Das Modell dient dabei im Wesentlichen dazu, dem Klienten eine Erklärungsmöglichkeit für typische Konfliktsituationen an die Hand zu geben, zu denen dann im Coaching Lösungsansätze erarbeitet werden können.

BEISPIEL

In einer Teambesprechung kommt es zu einer hitzigen Diskussion zwischen zwei Kollegen, Herrn A und Herrn B. Schnell wird deutlich, dass Herr A (Ankläger) argumentativ deutlich überlegen ist, was Herrn B (Opfer) in die Defensive bringt. Nun fasst sich Frau C (Retter) ein Herz und greift ihrerseits ungebeten Herrn A an, um Herrn B zu helfen. Dann passiert das Interessante: Herr A und Herr B solidarisieren sich plötzlich, Herr B wird zum Ankläger und wertet den gutgemeinten Vorstoß von Frau C ab, womit sie sich auf einmal verdutzt in der Opferrolle befindet.

Typbasierte Persönlichkeitsinstrumente

Eine Auswirkung des Konzepts der »Archetypen« der Analytischen Psychologie C. G. Jungs sind sog. »Typbasierte Persönlichkeitsinstrumente. Diese gehen davon aus, dass Menschen sich von ihrer Persönlichkeit her einem bestimmten psychologischen Typ zuordnen lassen. Ein bekanntes Beispiel dafür ist der sog. Myers-Briggs Type Indicator (MBTI), der 1985 von Katherine Cook Briggs und ihrer Tochter, der amerikanischen Psychologin Isabel Myers, entwickelt wurde und sich direkt auf Jungs Archetypen zurückführen lässt. MBTI kennt dabei folgende Dimensionen:

Introversion	–	Extraversion
Intuition	–	Sensing
Feeling	–	Thinking
Judging	–	Perceiving

Aus diesen Dimensionen lassen sich 16 verschiedene psychologische Typen ableiten. Die Zuordnung einer Person zu einem Persönlichkeitstyp geschieht durch ein standardisiertes Testverfahren. Weitere Beispiele für typbasierte Persönlichkeitsinstrumente sind:

- Keirsey Temperament Sorter
- DiSG®
- Insights®
- LIFO®
- Enneagramm
- Belbin Teamrollen

Die Zuverlässigkeit dieser Testverfahren ist unter Psychologen umstritten. Dennoch sind diese Verfahren aufgrund ihrer Eingängigkeit auch heute noch in Unternehmen sehr beliebt.

Psychometrische Persönlichkeitsinstrumente

Eine Auswirkung des Wissenschaftsprinzips der Messbarkeit, das sich auch in der Verhaltenspsychologie manifestiert, sind psychometrische Persönlichkeitsinstrumente, die auch häufig im Kontext von Coaching Anwendung finden. Sie versuchen, die Persönlichkeit eines Menschen anhand von definierten Skalen zu beschreiben, ohne diese einem bestimmten Typ zuzuordnen. Das bekannteste Modell ist das der sog. Big Five-Persönlichkeitsfaktoren. Seine Entwicklung begann bereits in den 1930er Jahren durch den amerikanischen Psychologen Gordon Allport und den amerikanischen Ingenieur und Intelligenzforscher Louis Thurstone. In der Encyclopaedia Britannica identifizierten diese Wissenschaftler dazu über 18.000 Adjektive, welche die Persönlichkeit eines Menschen beschrieben. Mithilfe moderner Computer konnte diese Datenmenge später genau untersucht werden. So wurden fünf sehr stabile, voneinander unabhängige und weitgehend kulturstabile Faktoren gefunden, die die menschliche Persönlichkeit zu beschreiben vermochten und daraufhin als Big Five bezeichnet wurden. Diese Faktoren waren:

1. Neurotizismus (Erleben von negativen Emotionen)
2. Extraversion (Aktivität und zwischenmenschliches Verhalten)
3. Offenheit für Erfahrungen (Interesse und Ausmaß der Beschäftigung mit neuen Erfahrungen)
4. Verträglichkeit (Interpersonelles Verhalten: altruistisch vs. egozentrisch)
5. Gewissenhaftigkeit (Zuverlässigkeit und Vorhersagbarkeit)

Auf der Grundlage dieser Faktoren wurden zahlreiche Persönlichkeitsinstrumente entwickelt, die heute noch in vielen Bereichen, vor allem im professionellen Kontext, Anwendung finden:

- NEO-Fünf-Faktoren-Inventar (NEO-FFI)
- NEO-Persönlichkeitsinventar (NEO-PI-R)
- Workplace Big Five
- Hogan Personality Inventory (HPI)
- California Psychological Inventory (CPI)

Arbeit mit inneren und äußeren Bildern/ Traumreisen

Innere und äußere Bilder gelten in der Tiefenpsychologie allgemein als Ausdruck des Unbewussten eines Menschen und im Ansatz von C.G. Jung sogar als Ausdruck des »kollektiven Unbewussten«.

Es gibt viele verschiedene Möglichkeiten, mit Bildern zu arbeiten.

- Die einfachste besteht darin, den Klienten zu bitten, sich aus einer Menge ausgebreiteter Bilder eines auszuwählen, welches ihn besonders anspricht. Anschließend kann die Interpretation oder Assoziation, die der Klient zu dem Bild hat, ins Coaching eingebaut werden.
- Eine andere Möglichkeit ist, den Klienten als Hausaufgabe ein Bild zu einem bestimmten Thema malen zu lassen und dieses dann beim nächsten Termin gemeinsam mit ihm zu interpretieren.

- Eine dritte Variante, die dem Klienten Zugang zu seinen inneren Bildern gewährt, sind Traumreisen, also geführte Meditationen. Hierdurch lassen sich auch sehr gut Trancezustände hervorrufen, in denen der Klient offen ist für Suggestionen. Sie erfordern im Business-Kontext ein wenig Mut vom Coach und natürlich weitere Anleitung und Übung, aber sie sind ein hervorragendes Mittel, um Veränderungsprozesse im Klienten anzustoßen und unbewusste Persönlichkeitsanteile für das Coaching nutzbar zu machen.

Die eigene Entwicklung planen

In diesem Kapitel werden gängige Coaching-Interventionen vorgestellt, mit denen das Zielszenario des Coachings bestimmt und der Modus der Zusammenarbeit definiert werden kann.

Innerer Weiser & Future Self

Dauer: 1 bis 2 Stunden

Was steckt dahinter?

Innere Bilder sind ein wesentlicher Schlüssel zum Unbewussten. In der Analytischen Psychotherapie C. G. Jungs verkörpern diese Bilder einen Zugang zum kollektiven Unbewussten, das den Menschen als Individuum und seine Grenzen übersteigt. Die Suche nach Sinn und Vision war für Jung etwas, das über die Grenzen des Individuums hinausgeht, womit sie zwangsläufig eine spirituelle oder transzendente Komponente erhält. Auch die Logotherapie Viktor Frankls kennt die Suche nach Sinn als einen ihrer zentralen Bestandteile und als Voraussetzung für ein seelisch gesundes, erfülltes und zufriedenes Leben. Beide Ansätze sind in dieser Intervention zu einer Traumreise kombiniert, die auch hypnotische Sprachmuster aus der Hypnotherapie Milton Ericksons nutzt.

Wann bietet sich die Intervention an?

Der Klient möchte an zukünftigen Zielen arbeiten, tut sich aber schwer damit, eine klare Linie zu entwickeln bzw. sein rationales Denken zu verlassen.

Zielsetzung

Entwicklung einer Lebensvision

Voraussetzungen

Offenheit für wachstumsorientiertes Arbeiten beim Klienten ist vorhanden.

Der Klient verspürt keinen akuten Problemlösungsdruck.

Ergebnis

Lebensvision des Klienten

Die Vorgehensweise

Vorbereitung

Es erfordert ein wenig Übung und Mut vom Coach, um diese Intervention in einem Business-Kontext anzuwenden. Wenn aber das Vertrauensverhältnis zwischen Klient und Coach gegeben ist und der Coach aus einer Haltung der Selbstverständlichkeit agiert, wird diese Traumreise für den Klienten eine gute Erfahrung werden.

Im Vorfeld versucht der Coach, möglichst genau zu verstehen, was in der Vorstellung des Klienten ein schöner Ort ist, z.B., indem er ihn über seine schönsten Urlaubserlebnisse befragt. Die Traumreise wird dann maßgeschneidert auf die Vorlieben des Klienten.

> Der folgende Text zur Durchführung ist daher auch nur ein Beispiel und sollte unbedingt auf den einzelnen Klienten angepasst werden.

Der Coach erwähnt, dass es in der Übung um die Lebensvision des Klienten geht, ohne aber allzu konkret dabei zu werden.

Durchführung

Coach und Klient sitzen sich auf Stühlen gegenüber. Der Coach führt den Klienten mit ruhiger Stimme in die Traumreise hinein und macht genügend Pausen, damit die inneren Bilder im Klienten entstehen können. Es ist hilfreich zu Beginn zu erwähnen, dass die inneren Bildern des Klienten nicht den Kategorien »richtig« oder »falsch« unterliegen.

BEISPIEL

»Setzen Sie sich bequem hin und kommen Sie allmählich innerlich und äußerlich zur Ruhe. Spüren Sie, wie Ihr Atem ruhig in Ihren Körper hinein- und wieder hinausströmt. Nehmen Sie die Unterlage wahr, auf der Sie sitzen. Spüren Sie, wie Sie von Ihrem Stuhl getragen werden und wie Ihre Füße gut und sicher auf dem Boden ruhen. Wenden Sie Ihre Aufmerksamkeit allmählich nach innen und nehmen Sie Ihre Körpersignale und Empfindungen wahr.

Spüren Sie, was Sie spüren. Wenn Sie möchten, können Sie dazu die Augen schließen oder einen Punkt vor Ihnen im Raum fixieren.

Nun lassen Sie vor Ihrem geistigen Auge, in Ihrem eigenen Tempo, ein inneres Bild entstehen von einem wundervollen, grünen Tal, durch das ein Bach rinnt. Dort ist es ruhig. Sie hören die Geräusche des Wassers und des leichten Windes. Was gibt es sonst noch zu hören? Nehmen Sie wahr, was Sie wahrnehmen, und lassen Sie Ihre Eindrücke fließen. Sie sind allein in diesem grünen, lichtdurchfluteten Tal und fühlen sich wohl. Zu beiden Seiten des Tals steigen sanfte, grüne Hügel auf, mit einigen Bäumen. Sie wissen nicht genau, weswegen Sie hier sind oder was Sie hier finden werden. Aber es hat etwas mit Sinn zu tun. Die Sonne scheint und es ist angenehm mild. Kleine Wolken treiben über den tiefblauen Himmel.

Sie genießen die leichte Brise auf Ihrer Haut. Am Bach entlang führt ein kleiner Weg, der dem Bachlauf tiefer in das Tal hinein folgt. Sie folgen dem Bachlauf auf dem Weg, ganz in Ihrem Tempo. Sie ahnen immer mehr, dass es am Ende des Weges etwas für Sie zu finden gibt, das für Sie von großer Bedeutung sein wird. Immer weiter gehen Sie ins Tal hinein und nehmen die wundervolle Natur um Sie herum war. Vielleicht hören Sie das Zwitschern der Vögel und das Zirpen der Grillen in der Sonne.

Was gibt es sonst noch zu hören, zu riechen und zu sehen? Sie überqueren kleine Stege und umrunden Felsen, ganz so, wie Sie auch die Herausforderungen in Ihrem Leben meistern. Sie sehen die Sonne, wie sie sich im Wasser des Baches spiegelt. Vielleicht riecht die Luft würzig oder eher süß? Nehmen Sie wahr, was Sie riechen. In Ihnen wächst die Gewissheit, dass das, was Sie hier finden werden, einer tiefen inneren Weisheit entstammt, die größer ist als Sie selbst.

Aber Sie wissen noch nicht, wo Sie es finden werden. Sie machen eine Rast auf einer Bank am Wegesrand und lassen Ihren Blick schweifen. Die Bank fühlt sich warm an von der Sonne, und Sie spüren das Holz unter Ihren Händen. Am Ende des Tals sehen Sie ein Funkeln, eine Lichtreflexion. Das helle Licht der Sonne spiegelt sich in etwas. Es ist viel zu weit weg, um es genau erkennen zu können. Sie spüren, dass dies der Ort ist, wo Sie den höheren Sinn hinter Ihrer Reise ohne Mühe verstehen werden. Ruhig machen Sie sich auf den Weg. Der Weg führt Sie weiter am Bach entlang. Das Tal wird hier allmählich enger und die Hügel steigen steiler an. Sie können das Funkeln des Lichts jetzt auf einem Hügel vor sich sehen. Der Weg führt weg vom Bach und steigt sanft geschwungen den Hügel hinauf. Sie sehen sich nochmals um und verabschieden sich von dem kleinen Bach, der weiter ruhig und friedlich durch das Tal fließt. Sie wandern den Hügel hinauf und folgen den Kurven des Weges. Er wird jetzt steiler und läuft zwischen kleinen Bäumen und moosbewachsenen Felsen hindurch.

Das Funkeln können Sie jetzt nicht mehr sehen, aber Sie wissen, dass es dort oben irgendwo sein muss. Immer weiter steigen Sie den Weg hinauf, bis er langsam wieder flacher wird. Hinter einer Kurve sehen Sie eine kleine Ebene, an deren Ende ein flacher Felsen liegt. Auf diesem Felsen sitzt ein alter Mann mit weißen Haaren und heller Kleidung. Wie sieht er aus? An wen erinnert er Sie? Neben ihm steht eine kleine Metallkiste, die in der Sonne hell glitzert und strahlt. Sie wissen, was immer Sie hier finden werden, wird Sinn für Sie machen. Vielleicht nicht sofort, aber irgendwann.

Sie zögern kurz, doch Sie sind viel zu gespannt darauf zu erfahren, was jetzt passieren wird. Dort oben herrscht eine feierliche Stille. Sie gehen langsam auf den Mann zu, der Ihnen freundlich zulächelt. Je näher Sie kommen, desto mehr erkennen Sie seine Gesichtszüge. Er sieht Ihnen ähnlich. Er ist wirklich sehr alt und wirkt zufrieden und in sich ruhend. Er sagt kein Wort, als Sie näherkommen, sondern schaut Sie nur freundlich und mit einem Funkeln in den Augen an. Als Sie vor ihm stehen, verbeugen Sie sich leicht, vielleicht nickt der alte Mann zur Begrüßung zurück. Langsam steht er auf.

Er nimmt die kleine Metallkiste mit beiden Händen und gibt Sie ihnen. Sie nehmen die Kiste entgegen, wohl wissend, dass sich etwas ganz besonderes in ihr befindet. Der alte Mann verbeugt sich zum Abschied. Er dreht sich schweigend um und geht langsam den Weg weiter, der den Hügel hinaufführt. Schon nach kurzer Zeit ist er hinter Felsen und Bäumen verschwunden. Innerlich sind Sie ganz ruhig, und Ihnen ist feierlich zumute. Sie setzen sich auf den Felsen und stellen die Metallkiste auf Ihre Knie. Der Fels ist etwas rau und warm von der Sonne. Langsam öffnen Sie die kleine Kiste. Vorsichtig heben Sie ihren Deckel auf und blicken ins Innere.

Was Sie dort sehen, erfüllt Sie mit Freude und hat eine große Bedeutung für Sie. Sie wissen vielleicht noch nicht genau, was das, was Sie dort sehen, für Ihr Leben bedeutet. Aber Sie wissen, dass es etwas bedeutet. Sie schauen sich um und blicken in das Tal unter Ihnen, durch das sich immer noch der kleine Bach windet. Sie spüren den Wind und riechen die würzige Luft. Am Himmel ziehen langsam kleine Wolken entlang. Sie spüren, dass es nun allmählich Zeit wird zu gehen.

Behutsam schließen Sie den Deckel der Kiste. Sie werden gut auf sie aufpassen. Und das, was Sie gesehen haben, ist tief in Ihnen abgespeichert. Sie gehen in Ihrem eigenen Tempo wieder zurück ins Hier und Jetzt. Sie bereiten sich innerlich darauf vor, langsam wieder ins Hier und Jetzt zurück zu kommen. Ganz langsam, in Ihrem Tempo, kommen Sie mit Ihrer Aufmerksamkeit wieder in den Raum zurück. Sie spüren den Stuhl unter sich und nehmen die Umgebung um sich herum wahr. Wenn es für Sie gut ist, öffnen Sie die Augen. Und dann sind Sie wieder zurück."

Abschluss

Es ist wichtig, dem Klienten die Zeit zu geben, wieder in der Realität anzukommen. Augenkontakt ist hierbei hilfreich.

Nach der Traumreise berichtet der Klient, was er in der Metallkiste gesehen hat. Dabei kann alles Gefundene hilfreich sein. Sogar wenn der Klient dort nichts gefunden hat, kann dies von großer Bedeutung sein und eine Aussage über seine Widerstände und Saboteure machen. Gemeinsam mit dem Coach überlegt er, was das Gesehene und Gefühlte für seine Lebensvision bedeuten könnte. Abschließend erarbeitet der Coach die

Lebensvision mit dem Klienten oder gibt ihm dies als Aufgabe bis zur nächsten Sitzung.

Design der Zukunft (Timeline)

Dauer: 1,5 bis 2,5 Stunden

Was steckt dahinter?

Die Intervention »Timeline« ist eine Weiterentwicklung der Biographiearbeit (siehe dazu die gleichnamige Coaching-Technik), wie sie z. B. in der Logotherapie Viktor Frankls durchgeführt wird. Der Ansatz wurde im NLP aufgegriffen und mit dem Konzept der Bodenanker kombiniert. Bodenanker sind dabei Elemente klassischer Konditionierung aus der Kognitiven Verhaltenstherapie, die dem besseren Abspeichern von Gefühlseindrücken dienen sollen.

Wann bietet sich die Intervention an?

Dem Klienten fehlen eine klare Perspektive und eine Lebensvision.

Zielsetzung

Das zukünftige Leben des Klienten so realistisch und attraktiv wie möglich gestalten.

Voraussetzungen

Die Fähigkeit und das Interesse zu wachstumsorientiertem Arbeiten beim Klienten sind vorhanden.

Der Klient verspürt keinen akuten Problemlösungsdruck.

Eine vorangegangene Arbeit mit dem »Future Self« des Klienten kann hilfreich sein (siehe hierzu die Intervention »Innerer Weiser & Future Self«).

Ergebnis

Timeline des Klienten

Die Vorgehensweise

Vorbereitung

Der Coach führt den Klienten in das Konzept der Timeline-Arbeit ein.

Hilfreich ist es, wenn im Vorfeld bereits die Werte des Klienten erarbeitet wurden (siehe hierzu die Intervention »Wertearbeit«).

Ebenfalls sinnvoll ist es, zuvor eine Lebensvision erarbeitet zu haben (siehe hierzu die Intervention »Innerer Weiser & Future Self«).

Durchführung

- Der Coach bittet den Klienten, seine Lebenslinie mithilfe einer Schnur auf dem Boden auszulegen und zu bestimmen, wo sich Gegenwart und Zukunft auf dieser Linie befinden.

- Der Coach bittet den Klienten sich vorzustellen, wie es sich anfühlen wird, wenn er alt, weise und in guter körperlicher Verfassung sein wird. Wo wird er sein? Was wird er sehen, hören, riechen, fühlen, schmecken? Während der Klient sich in diesem Gefühl befindet, fragt ihn der Coach, wie alt er bei guter Gesundheit und Zufriedenheit werden möchte. Die Gegenwart und das genannte Alter bilden damit die beiden Enden der Lebenslinie ab.
- Daraufhin erarbeitet der Coach mit dem Klienten die sog. Setzungen. Hierbei handelt es sich um Ereignisse, die auch ohne das Zutun des Klienten eintreten werden, wie z. B. runde Geburtstage, die für viele eine symbolische Bedeutung haben, und der Eintritt in das Rentenalter. Für jede Setzung wird eine Metaplankarte an der entsprechenden Stelle vom Klienten auf der Timeline positioniert.
- Im folgenden Schritt werden die angestrebten Ereignisse und Erlebnisse erarbeitet. Hierbei lässt sich gut auf die Werte und die Lebensvision des Klienten zurückgreifen.

BEISPIEL

»Und wie macht sich Ihr Wert x auf Ihrer Timeline bemerkbar?«

»Wie wird Ihre Vision in Ihrer Timeline sichtbar werden?«

- Für jedes dieser Ereignisse wird ebenfalls eine Karte vom Klienten auf die Timeline gelegt. Der Coach begleitet den Prozess des Klienten dabei aktiv durch Nachfragen, Prüfen auf Machbarkeit, Klären von Abfolgen etc.

- Nachdem der Klient seine Timeline komplettiert hat, bittet der Coach ihn, sich langsam und mit Bedacht auf zentrale Karten der Timeline zu stellen, um zu spüren, wie es sich an diesem Ort für ihn anfühlt.

BEISPIEL

»Stellen Sie sich bitte auf den ersten Bodenanker, der Ihnen besonders wichtig ist. Ah, der 10. Marathon. Wie fühlt sich das an, wenn Sie das erreicht haben? Was wird anders sein? Braucht es noch etwas anderes? Was sagt Ihr Future Self dazu?«

- Der Coach nimmt durch Beobachtung und Intuition wahr, ob der Klient mit seiner Timeline und den dazugehörigen Bodenankern in Resonanz geht. Wenn dies nicht der Fall ist, kann es daran liegen, dass noch etwas an der Timeline nicht stimmt oder eine andere Form von Störung vorliegt.

Abschluss

Zum Abschluss betrachtet der Coach die Timeline nochmals gemeinsam mit dem Klienten wie ein Ausstellungsstück im Museum.

Daraufhin arbeitet der Coach mit dem Klienten an der Umsetzung der Timeline.

BEISPIEL

»Was werden Sie nun als Erstes tun, um Ihre Timeline Wirklichkeit werden zu lassen? Was müssen Sie dafür sein lassen?«

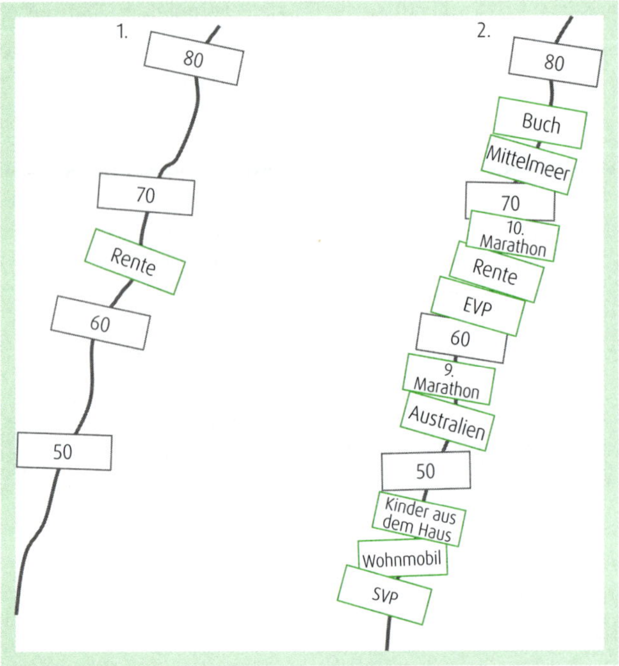

Timeline – ein Beispiel

Letter to myself

Dauer: 1 Stunde

Was steckt dahinter?

Diese Intervention entstammt dem Narrativen Ansatz der Systemischen Familientherapie. Diese Denkschule besagt, dass Geschichten, die über ein System, d. h. über eine Familie oder ein Familienmitglied, erzählt werden, gemäß den Grundsätzen des Konstruktivismus die Tendenz haben, sich zu manifestieren. Nach diesen Gesetzmäßigkeiten ist es nicht wichtig, ob etwas so ist, weil es der Wahrheit entspricht, oder ob etwas so ist, weil jeder sich so verhält.

BEISPIEL

»Mit den Leuten von der Revision will doch keiner was zu tun haben!«

Durch das beständige Erzählen dieser Geschichte wird sie zur Realität. Ebenso haben Geschichten die eigene Zukunft oder Vergangenheit betreffend die Tendenz, sich im Sinne einer sich selbst erfüllenden Prophezeiung zu manifestieren.

BEISPIEL

»Ich bin ein Versager. Das schaffe ich ohnehin nicht!«

Die Vorgehensweise

- Der Coach erläutert dem Klienten die Hintergründe des Narrativen Ansatzes.
- Der Klient formuliert bei dieser Intervention die Ziele, die er mit seinem Coaching erreichen will und die er zuvor mit dem Coach auf Stichhaltigkeit und kraftvolle Formulierung überprüft hat, z. B. mit dem »Outcome-Frame« (siehe den nächsten Abschnitt).
- Diese schreibt er dann in einem »Brief an sich selbst« auf und gibt ihn versiegelt dem Coach.
- Der Coach behält diesen Brief bei sich und übergibt ihn zum Ende des Coaching-Prozesses wieder dem Klienten. So kann der Klient überprüfen, ob er seine Ziele erreichen konnte.

Outcome Frame

Was steckt dahinter?

Diese Intervention stammt aus dem NLP. Beim Outcome Frame handelt es sich um eine Reihe spezifischer Fragen, die der Klient nacheinander beantworten soll.

Outcome Frame ist eine gute Methode, um den Klienten bei der Formulierung seiner Ziele in einer kraftvollen Art und Weise zu unterstützen und seine Veränderungsmotivation zu erkunden.

Des Weiteren ist sie hilfreich, um die Stichhaltigkeit der Ziele des Klienten zu hinterfragen.

Die Vorgehensweise

Es werden folgende Fragen gestellt, die der Klient nacheinander beantworten soll:

- Was wollen SIE erreichen?
- Was wird Ihr Nutzen sein, wenn Sie dies erreichen?
- Wie realistisch ist es, dass Sie Ihr Ziel erreichen?
- Wie werden Sie wissen, dass Sie Ihr Ziel erreicht haben? Woran werden Sie es merken, fühlen, sehen, hören etc.?
- Bis wann möchten Sie Ihr Ziel erreichen?
- Welche Ressourcen können Sie dabei unterstützen?
- Welche Ressourcen brauchen Sie noch zusätzlich?
- Wie können Sie sicherstellen, dass Sie Ihr Ziel nicht wieder verlieren, wenn Sie es erst einmal erreicht haben?
- Mit wem gemeinsam möchten Sie Ihr Ziel erreichen?
- Sind Sie auf andere angewiesen, um Ihr Ziel zu erreichen?
- Was werden die Auswirkungen auf andere Mitglieder des Systems sein, wenn Sie Ihr Ziel erreichen?
- Was werden die Auswirkungen sein, wenn Sie Ihr Ziel nicht erreichen?

- Was werden die Auswirkungen sein, wenn Sie nicht versuchen Ihr Ziel zu erreichen?
- Was hält Sie zurück?
- Was wird Ihr erster Schritt sein?
- Für wen tun Sie das?

Zeit für Entscheidungen

Die folgenden Interventionen helfen dabei, Verhaltensweisen bzw. Handlungs- und Kommunikationsmuster zu identifizieren, die dem Klienten bei der Erreichung seiner Ziele im Weg sind. Sie unterstützen ihn bei der Erarbeitung von neuen Sichtweisen und Verhaltensvarianten.

Fragetechniken

Dauer: 1 bis 10 Minuten

Was steckt dahinter?

Fragen sind das wesentliche Handwerkszeug eines Coachs, um die Entwicklung des Klienten zu fördern, denn: »Wer fragt, der führt«. Verschiedene Therapeuten und Begründer unterschiedlicher Denkschulen waren echte Meister im Stellen von überraschenden Fragen, die den Klienten »auf die Suche« schicken und ihm so völlig neue Sichtweisen eröffnen konnten. Besonders erwähnenswert sind hier Milton Erickson, der Begründer der Hypnotherapie, Virginia Satir, die Begründerin der Systemischen Familientherapie, sowie Steve de Shazer, der gemeinsam mit seiner Frau Insoo Kim Berg die Lösungsfokussierte Kurzzeittherapie ins Leben rief.

Wann bietet sich die Intervention an?

Der Klient sucht unbewusst eine andere Art oder einen anderen Blickwinkel, um sein Problem und sein Ziel zu betrachten.

Zielsetzung

Dem Klienten durch Fragen andere Sichtweisen und Verhaltensoptionen eröffnen

Voraussetzung

Der Coach sollte in der Lage sein, das erwartungsvolle Schweigen nach seiner Frage auszuhalten.

Ergebnis

- Verstörung der etablierten Denkmuster und Sichtweisen des Klienten
- Der Klient erkennt neue Möglichkeiten, um mit einem Problem umzugehen

Die Vorgehensweise

Vorbereitung

Der Coach sollte über ein breites Spektrum verschiedener Fragen verfügen, auf das er intuitiv zugreifen kann. Auch sollte er Neugierde, Experimentierfreude und Risikobereitschaft haben.

Für kraftvolle Fragen braucht es keine besondere Vorbereitung auf Seiten des Klienten. Der Klient sollte auf die Fragen möglichst spontan antworten, ohne in den Kategorien »richtig« und »falsch« zu denken.

Allen Fragen im Coaching folgt das aufmerksame Schweigen und Hören des Coachs.

Durchführung

- **Powerful Questions:** Kraftvolle Fragen regen den Klienten zur Selbstreflexion, Übernahme von Eigenverantwortung und zur Ehrlichkeit mit sich selbst an. Sie sind einfach, naiv, öffnend und zielen auf Möglichkeiten ab. Mindestens ebenso wichtig wie die Frage selbst ist dabei das erwartungsvolle Schweigen des Coachs danach. Die Folge dieser Fragen beim Klienten ist zumeist Verblüffung ebenso wie der Tiefgang der Antworten. Viele dieser Fragen sind auch Bestandteil der Gestalttherapie.

BEISPIEL

»Was wollen Sie?«

»Was wollen Sie heute erreichen?«

»Wohin wollen Sie jetzt schauen?«

»Wer müssen Sie angesichts von XYZ sein?«

»Was ist wirklich wichtig?«

»Worum geht es Ihnen?«

»Was sind Sie bereit aufzugeben?«

- **Zirkuläre Fragen:** Zirkuläre Fragen lenken die Aufmerksamkeit des Klienten auf das ihn umgebende System, z.B. sein Team oder seine Familie. Sie helfen ihm dabei, belastende Situationen aus einer anderen Perspektive, z.B. der Sichtweise der anderen Beteiligten, zu sehen.

BEISPIEL

»Was glauben Sie, wie es Frau X in Ihrem Team gerade geht?«

»Wenn Steven Spielberg einen Film darüber drehen würde, was wäre darin wohl zu sehen?«

»Was denkt wohl Herr Y darüber? Was denkt Herr Y vermutlich, wie es Ihnen momentan geht?«

»Wie würde Ihr Chef die Situation beschreiben?«

»Was glaubt wohl Ihr Abteilungskollege, wie Sie die Situation einschätzen?«

»Was bräuchte denn Herr Y von Frau X im Moment?«

- **Skalenfragen:** Skalenfragen geben Coach und Klient ein gemeinsames Koordinatensystem bzw. Verständigungsmittel, um die aktuelle Situation des Klienten und seine Entwicklung einzuschätzen. Die Skala an sich ist dabei nicht wichtig, solange sie immer gleich bleibt.

BEISPIEL

»Auf einer Skala von 1 bis 10, wobei 10 für Ihr Ziel im Coaching und 1 für Ihre dunkelste Zeit steht: Wo sehen Sie sich heute?«

»Welchen Wert auf der Skala möchten Sie im Coaching erreichen?«

»Welchen Wert möchten Sie heute erreichen?«

»Auf einer Skala von 1 bis 10: Wie bereit sind Sie, sich zu verändern?«

»Wo sehen Sie sich jetzt gerade auf einer Skala von 1 bis 10?«

- **Paradoxe Fragen:** Paradoxe Fragen sind wider die übliche Logik und Vernunft. Sie wirken auf den Klienten überraschend und verstörend, denn sie sind nicht aus seinen normalen Denkmustern heraus zu beantworten. Dadurch können unbewusste Persönlichkeitsanteile mitunter überraschende Antworten formulieren.

BEISPIEL

»Angenommen, Ihr Problem wäre morgen gelöst, wie könnten Sie es wieder herstellen?«

»Wie könnten Sie Ihr Problem noch verschärfen?«

»Welchen Nutzen ziehen Sie aus Ihrem Problem?«

»Wenn Sie Ihr Problem nicht mehr haben, was haben Sie dann?«

»Wo dürfen Sie nicht erfolgreich sein, um bei Ihrem Ziel Erfolg zu haben?«

»Wie könnten Sie sich am besten daran hindern, Ihr Ziel zu erreichen?«

»Welche Frage wäre jetzt am besten für Sie?

- **Ausnahmefragen:** Fragen nach der Ausnahme zu einem Problem, also einer Situation, in der das Problem nicht oder weniger stark auftritt, lenken die Aufmerksamkeit des Klienten auf seine Ressourcen und auf die Problemlösung. Der Grundsatz hierbei ist: »Wenn etwas funktioniert, tue mehr davon!«

BEISPIEL

»Gibt es Situationen in Ihrer Vergangenheit, in denen das Problem nicht oder nicht so stark aufgetreten ist? Wie kam es dazu?«

»Wie haben Sie das geschafft? Wem ist das noch aufgefallen?«

»Was müsste heute passieren, damit Sie einen kleinen Schritt in Richtung einer Lösung gehen könnten?«

- **Verschlimmerungsfragen:** Fragen nach der Verschlimmerung eines Problems, also nach Situationen, in denen das Problem stärker auftritt, lenken die Aufmerksamkeit des Klienten auf belastende Umstände. Der Grundsatz hierbei ist: »Wenn etwas nicht funktioniert, tue etwas anderes!«

BEISPIEL

»In welchen Situationen wird es schlimmer?«

»Was können Sie tun, um es schlimmer zu machen?«

- **Bewältigungsfragen:** Fragen nach Bewältigungsstrategien sind ressourcenorientierte Fragen. Sie lenken die Aufmerksamkeit des Klienten auf seine Fähigkeiten und Kompetenzen.

BEISPIEL

»Wie haben Sie es geschafft, diese schwierige Situation zu meistern?«

»Was haben Sie bereits unternommen, um das Problem zu lösen?

»Wo nehmen Sie die Energie für Lösungen her?

»Welche Möglichkeiten haben Sie noch nicht ausgeschöpft?«

»Wer oder was könnte Ihnen helfen?«

»Wie haben Sie das hinbekommen, trotz allem nicht aufzugeben und weiterzumachen?«

»Woran werden Sie erkennen, dass Ihr Ziel näher gekommen ist? Wie können Sie das verstärken?«

- **Wunderfragen:** Die Wunderfrage gibt dem Klienten die Möglichkeit, den angestrebten Zustand aus der Perspektive des bereits erreichten Ziels, de Shazer und Berg nannten es »Wunder«, gefühlsmäßig wahrzunehmen. Der Klient wird zunächst darauf vorbereitet, dass die nun folgende Frage nicht trivial ist und seine ganze Vorstellungskraft braucht. Die eigentliche Frage wird in eine kurze Geschichte eingebettet.

BEISPIEL

»Stellen Sie sich vor, Sie gehen nach der Sitzung nach Hause, verbringen den Abend wie immer mit Ihrer Familie und gehen dann zu Bett. Stellen Sie sich vor, in der Nacht geschähe ein Wunder: Ihr Ziel, das Sie im Coaching erreichen möchten, ist bereits erreicht. Allerdings wissen Sie selbst nicht, dass dieses Wunder passiert ist, denn es hat Ihnen niemand berichtet. Waran würden Sie merken, dass sich das Wunder ereignet hat?«

»Gibt es Situationen, in denen das Wunder jetzt schon da ist? Woran merken Sie das? Wie machen Sie das? Was sagt Ihr Partner (bzw.: Kind, Kollege oder Chef) dazu?«

Abschluss

Fragetechniken an sich sind kein Selbstzweck. Es kommt nicht darauf an, als Coach ein Feuerwerk von möglichst originellen Fragen abzuschießen. Vielmehr geht es darum, eine gute Frage zu stellen und dann den Klienten bei seiner Antwortsuche auf allen Ebenen zu beobachten und ihm auf allen Ebenen zuzuhören. Hierzu braucht es vor allem Neugier sowie die Intuition des Coachs und seine Erfahrung.

Wahrnehmungspositionen & Reframing

Dauer: 1 bis 2 Stunden

Was steckt dahinter?

Diese Intervention hat ihre Wurzeln im Rollentausch des »Psychodramas«, das von Jacob Moreno entwickelt wurde. Ebenso sind Einflüsse der Systemischen Familientherapie erkennbar. Die Grundform der Übung entspricht dem NLP-Format »Perceptual Positions«, das um weitere Elemente ergänzt wurde.

Wann bietet sich die Intervention an?

Der Klient berichtet von einem Konflikt, den er mit einer anderen Person hat und der die Beziehung zu dieser belastet. Der Klient ist dabei sehr in seiner Sichtweise auf den Konflikt verhaftet.

Zielsetzung

Neue Sichtweisen auf den Konflikt erarbeiten

Anstoß zur Lösung des Konflikts geben

Voraussetzung

Es ist hilfreich, die Werte des Klienten oder seine Lebensvision bereits erarbeitet zu haben.

Ergebnis

- Der Klient erlebt die Möglichkeit, ein Problem aus verschiedenen Blickwinkeln zu betrachten.
- Er versetzt sich in die Position der anderen Konfliktpartei.
- Die absolute Position des Klienten in Bezug auf Recht und Unrecht wird relativiert.
- Der Klient entwickelt neue Ansätze, um mit dem Konflikt umzugehen.

Die Vorgehensweise

Vorbereitung

Der Coach lässt sich von dem Klienten kurz den Konflikt und die daran beteiligten Parteien beschreiben.

Für jede dieser Parteien bereitet der Coach eine Metaplankarte als Bodenanker vor. Auch für den Konflikt selbst wird eine Karte vorbereitet.

Durchführung

- Der Coach legt die Karte »Konflikt« in die Mitte und die Karten für den Klienten und die andere(n) am Konflikt beteiligte(n) Person(en) um diese Mitte herum.
- Der Coach bittet den Klienten nun zunächst, sich auf den Bodenanker zu stellen, der ihn selbst repräsentiert.

- Er erkundigt sich, wie es dem Klienten dort geht, und bittet ihn, seine Sicht auf den Konflikt und die andere(n) Person(en) möglichst ungeschönt und emotional zu schildern.
- Anschließend bittet er den Klienten, seine Position zu verlassen und sich auf die Position der anderen Konfliktpartei(en) zu stellen.
- Der Coach leitet den Klienten an, sich ganz in die andere Rolle einzufinden und aus der Position der jeweiligen Konfliktpartei heraus seine Sicht auf den Konflikt und wie es ihm damit geht zu schildern. Auch hier ist Emotionalität durchaus erwünscht.
- Schließlich führt der Coach eine weitere Position, nämlich die des »neutralen Beobachters« ein und legt auch hierfür eine Karte auf den Boden.
- Nun fordert er den Klienten auf, sich auf diese neutrale Position zu stellen und von dort aus zu schildern, wie er den Konflikt und die daran beteiligten Personen erlebt.
- Wenn der Klient alle Sichtweisen durchlaufen hat, fragt ihn der Coach, welche Perspektiven noch sinnvoll sein könnten, um die Beziehung bzw. die Konfliktlösung weiter zu bringen. Wenn der Coach die Werte des Klienten kennt (siehe hierzu die Intervention. »Wertearbeit«), kann er dessen höchste Werte als Perspektiven vorschlagen. Beispiel: »Wachstum, mich zeigen, etwas riskieren«
- Der Coach legt für jede dieser neuen Perspektiven eine weitere Karte auf den Boden.

- Er bittet nun den Klienten, sich auf einen der neuen Bodenanker zu stellen und aus dieser Sichtweise heraus zu beschreiben, ob und wie der Konflikt aufgelöst werden kann.
- Diesen Schritt wiederholt der Klient auch mit den anderen neuen Perspektiven.
- Zum Abschluss fragt der Coach, welche der Wahrnehmungspositionen sich aus Sicht des Klienten am kraftvollsten angefühlt hat.
- Er bittet den Klienten dann, sich erneut auf diese Position zu begeben.

Abschluss

Aus dieser kraftvollsten Position heraus erarbeitet der Coach mit dem Klienten dann konkrete Maßnahmen, wie dieser künftig mit dem Konflikt umgehen möchte.

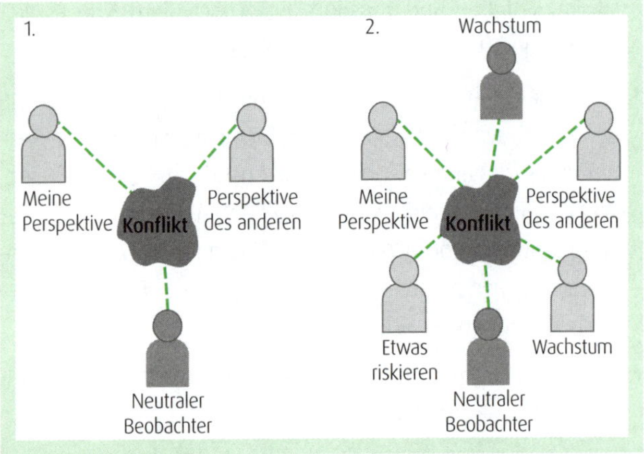

Reframing – ein Beispiel

Leerer Stuhl

Was steckt dahinter?

Der Leere Stuhl stammt ursprünglich aus dem Psychodrama und wurde von Fritz und Lore Perls im Rahmen der Gestalttherapie aufgegriffen.

Die Vorgehensweise

Vom Klienten wahrgenommene Konflikte im Innen und im Außen (widerstreitende Persönlichkeitsanteile, schwelende Konflikte mit anderen Menschen etc.) werden bearbeitet, indem eine Konfliktpartei (imaginär) vom Coach auf den leeren Stuhl gesetzt wird, der dem des Klienten gegenübersteht. In einem Dialog zwischen den beiden Parteien wird der Konflikt ausgetragen. Häufig gehört ein Rollentausch zu dieser Übung, um die jeweils andere Position möglichst hautnah zu erleben.

Logische Ebenen

Was steckt dahinter?

Dieses Modell der Persönlichkeit wurde von Robert Dilts unter dem Begriff »Logische Ebenen« geprägt. Es ist eine Weiterentwicklung des Modells der »Logischen Ebenen des Lernens und der Veränderung« von Gregory Bateson, der sich darin wiederum auf die Theorie der »Logischen Typen« des englischen

Philosophen und Mathematikers Bertrand Russell bezieht. Die Persönlichkeit des Menschen besteht nach diesem Konzept aus den fünf Elementen Umwelt, Verhalten, Fähigkeiten, Glaubenssätze & Werte sowie Identität. Später wurde von Dilts die weitere Ebene Sinn / Vision hinzugefügt.

- Die Ebene »Umwelt« beschreibt dabei die Einbettung einer Person in ihr System sowie in Zeit und Raum.
- »Verhalten« bezieht sich auf die typischen Handlungsmuster einer Person.
- Die Ebene »Fähigkeiten« macht eine Aussage über die Kompetenzen, Ressourcen und charakteristischen Denkstrukturen eines Menschen.
- Die Ebene »Glaubenssätze & Werte« enthält wesentliche Entscheidungen eines Menschen über das Leben sowie seine Einstellungen und Prioritäten.
- Den obersten Level bildet die »Identität«, die das Selbstkonzept des Menschen basierend auf der Gesamtheit seiner Erfahrungen beschreibt.

Über den eigentlichen Ebenen befindet sich der Bereich »Sinn, Vision«, der die Spiritualität des Menschen und seinen tieferen Daseinsgrund beinhaltet.

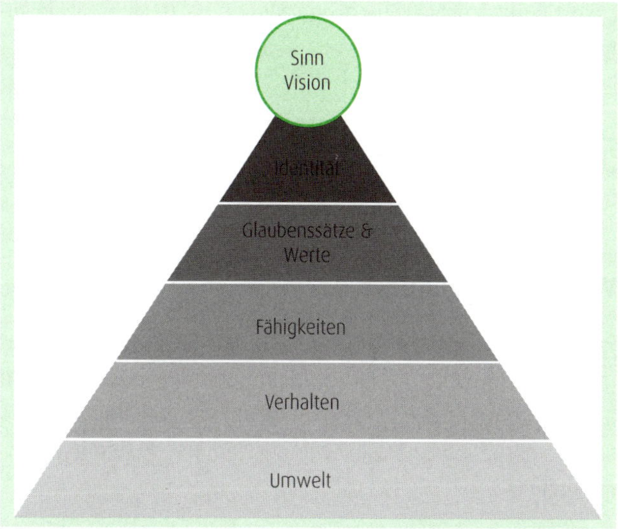

Logische Ebenen

Die Vorgehensweise

Gemäß diesem Modell ist jedes Problem, jede Aufgabe und jeder Veränderungswunsch eines Menschen auf einer spezifischen logischen Ebene verortet.

Um dem Veränderungswiderstand auf einer Ebene zu begegnen, bedarf es der Persönlichkeitsarbeit auf der Ebene darüber. Wenn also z. B. eine Person nachhaltig ihr Verhalten ändern will (Ebene »Verhalten«) und daran scheitert, so ist es erforderlich, dass sie zunächst an ihren Denkstrukturen (Ebene »Fähigkeiten«) arbeitet.

Process Coaching

Dauer: 1 bis 1,5 Stunden

Was steckt dahinter?

Process Coaching leitet sich aus der von Eugene Gendlin begründeten Methode Focusing ab und orientiert sich vor allem an den körperlichen Wahrnehmungen des Klienten, d.h. an seiner »Körperintelligenz« sowie der damit verbundenen Sinngebung.

Wann bietet sich diese Intervention an?

Der Klient agiert »verkopft« und hat keinen Zugang zu seinen Emotionen oder zu seinem Körper.

Zielsetzung

Die Eigenwahrnehmung des Körpers beim Klienten verbessern

Voraussetzungen

Die Offenheit für körperorientiertes Arbeiten ist beim Klienten vorhanden.

Der Coach hat mit dieser Form der Arbeit bereits Erfahrung gesammelt.

Ergebnis

- Der Klient ruht mehr in sich und hat einen besseren Zugang zu seinem Körper.
- Er hat neue Sichtweisen für sein Thema entwickeln können.

Die Vorgehensweise

Vorbereitung

Der Coach erarbeitet mit dem Klienten gemeinsam ein Thema, zu dem dieser gerne die »Meinung seines Körpers« hören bzw. spüren würde.

Der Coach führt den Klienten in die Arbeit im Process Coaching ein.

Durchführung

- Der Coach bittet den Klienten, sich bequem hinzusetzen und, wenn möglich, die Augen zu schließen.
- Der Coach fordert den Klienten auf, an sein Thema zu denken und dabei in seinen Körper, vor allem den Schulter-, Brust- und Bauchraum hineinzuspüren.
- Der Klient wird evt. am Anfang nichts wahrnehmen können. Das ist normal, denn es braucht Zeit und Übung, um mit dieser Methode erfolgreich zu arbeiten.

> Wichtig ist, dass vom Coach kein Druck aufgebaut wird und dass auch der Klient sich selbst nicht unter Erfolgsdruck setzt.

- Wenn der Klient eine Körperwahrnehmung gefunden hat, z. B. ein Ziehen im Bauch oder einen Druck auf der Brust, bittet der Coach ihn, dieses Gefühl näher zu beschreiben.

BEISPIEL

Wie fühlt es sich an? Wie sieht es aus? Bewegt es sich oder ist es ruhig? Welche Farbe hat es, und wie ist es beschaffen? Ist es warm oder kühl? Wird es größer oder kleiner?

- Der Coach lässt dem Klienten Zeit, um bei diesem Gefühl zu bleiben. Zwischen zwei Fragen können und sollen mehrere Minuten liegen.
- Hat der Klient einen stabilen Zugang zu seiner Körperwahrnehmung gefunden, fordert der Coach ihn auf, dieses Körpergefühl zu befragen, z. B. was es jetzt braucht, damit sich etwas lösen oder entwickeln kann. Diese Befragung erfolgt in aller Regel nonverbal und ist von außen kaum wahrnehmbar.
- Diese Form des Fragens wird so lange fortgeführt, bis die Körperwahrnehmung des Klienten sich verändert oder der Klient aufhören möchte.
- Die Antworten, die sich durch die Befragung ergeben haben, können später hilfreich für die Lösung des Problems des Klienten in der Außenwelt sein.

- Der Coach führt den Klienten aus seiner Innenfokussierung wieder in einen normalen Wahrnehmungszustand.

Abschluss

Der Coach bespricht mit dem Klienten, welche Erfahrungen und Wahrnehmungen dieser während der Sitzung gemacht hat. Er erfragt, welche Auswirkungen das soeben Erlebte auf sein Handeln in Bezug auf sein Thema haben wird.

Das Gelernte integrieren

Die Interventionen in diesem Kapitel helfen dem Klienten dabei, neu erarbeitete Sichtweisen und Verhaltensvarianten in seinem Alltag zu erproben, zu reflektieren, bei Bedarf anzupassen und nachhaltig umzusetzen.

Hausaufgaben

Dauer: Wenige Stunden (außerhalb der Sitzungen)

Was steckt dahinter?

Hausaufgaben bzw. Verschreibungen oder Verhaltensexperimente kommen unter verschiedenen Namen in unterschiedlichen Therapieformen vor, z. B. in der Gestalttherapie von Fritz und Lore Perls, in der Systemischen Familientherapie nach Virginia Satir und in der Kognitiven Verhaltenstherapie nach Donald Meichenbaum. Sie sind von elementarer Bedeutung für den Coaching-Prozess, da sie das Prinzip der Eigenverantwortung beim Klienten unterstreichen und ein Indiz für seine Veränderungsmotivation sind. Sie werden üblicherweise am Ende jeder Sitzung von Coach und Klient gemeinsam erarbeitet.

Wann bietet sich die Intervention an?

Der Klient möchte eine neue Sicht- oder Verhaltensweise in der Realität erproben.

Zielsetzung

Transfer der Erkenntnisse aus dem Coaching

Voraussetzung

Im Coaching wurde bereits ein zu übendes neues Verhalten oder eine neue Entscheidung erarbeitet, die der Klient in seinem Alltag umsetzen und erproben soll.

Ergebnis

- Praktische Erfahrungen des Klienten mit neuen Verhaltensweisen
- Rückmeldung der Umgebung auf sein verändertes Verhalten
- Einsichten zu Faktoren, die das neue Verhalten erleichtern oder erschweren

Die Vorgehensweise

Vorbereitung

Die jeweilige Vorbereitung ist abhängig von den Themen, Einsichten und Erkenntnissen der Coaching-Sitzung.

Bevor die Hausaufgaben besprochen werden, sollten die Themen der Coaching-Sitzung abgeschlossen und für den Klienten »rund« sein.

Durchführung

- Bei Coaching-Hausaufgaben handelt es sich nicht um Aufgaben, die ein Lehrer seinen Schülern aufgibt. Coach und Klient erarbeiten die Aufgaben vielmehr auf Augenhöhe. Dazu kann der Coach den Klienten z. B. fragen: »Was wäre eine gute Aufgabe für Sie, um das heute Erarbeitete umzusetzen?«

- Der Klient hat jederzeit die Möglichkeit, eine Hausaufgabe anzunehmen, sie abzulehnen oder sie zu verändern.
- Als weitere Unterstützung können hier auch Elemente des »Outcome Frame« (siehe hierzu die gleichnamige Intervention) eingesetzt werden.

Abschluss

Zum Abschluss werden die vereinbarten Aufgaben konkretisiert und auf ihre Umsetzbarkeit überprüft. Der Coach holt sich vom Klienten die Zusicherung ein, dass er an den vereinbarten Themen mit der nötigen Priorität arbeiten wird.

BEISPIEL

»Bis zur nächsten Sitzung wenden Sie mindestens fünf Mal Ihren neuen Glaubenssatz ›Indem ich mich meiner Angst stelle, schaffe ich etwas Tolles!‹, an und gehen einem Konflikt nicht aus dem Weg.«

»Bis zu unserer übernächsten Sitzung werden Sie alle Besprechungen mit Ihren Mitarbeitern auf 30 Minuten verkürzen und im Stehen abhalten.«

»Bis zu unserer nächsten Sitzung formulieren Sie einen Vorschlag für Ihre Lebensvision.«

»Bis zur nächsten Sitzung priorisieren Sie Ihre Karriereoptionen basierend auf Ihrer Wertehierarchie.«

Skalenarbeit

Dauer: 15 bis 30 Minuten

Was steckt dahinter?

Diese Intervention wurde von verschiedenen Denkschulen inspiriert. Sie vereint das Konzept des »Leeren Stuhls« und der Körperlichkeit der Gestalttherapie von Fritz und Lore Perls mit der systemischen Arbeit anhand von Skalen nach Virginia Satir und der Vorwegnahme der Lösung aus der Lösungsorientierten Kurzzeittherapie von Steve de Shazer und Insoo Kim Berg.

Wann bietet sich die Intervention an?

Der Klient möchte einen Entwicklungsschritt tun und hat auch eine grobe Vorstellung zur Richtung seiner Entwicklung. Er hat aber eine Blockade hinsichtlich des Punktes, was genau der konkrete erste Schritt sein soll.

Zielsetzung

Den Klienten mit seinem Potenzial und seinem Lebenssinn in Berührung bringen, um seine Klarheit und Veränderungsmotivation zu unterstützen

Voraussetzung

Der Klient hat ein aktuelles Problem und verspürt einen gewissen Druck, dieses zu lösen.

Ergebnis

- Der Klient hat eine klare Vorstellung davon, welche Aktionen für ihn jetzt richtig und wichtig sind.
- Er kann die Aktionen direkt mit seinem Potenzial und seinem Lebenssinn in Verbindung bringen.

Die Vorgehensweise

Vorbereitung

Der Coach erarbeitet mit dem Klienten gemeinsam ein Thema, zu dem dieser einen Entwicklungsschritt machen möchte. Dabei ist es wichtig, dass das Thema so formuliert ist, dass es sich auf einer Skala darstellen lässt.

BEISPIEL

»Ich möchte gerne besser meinen Standpunkt gegenüber XYZ vertreten.«

Durchführung

- Der Coach erfragt, wo sich der Klient momentan auf einer Skala von 1–10 befindet und was sein bisheriger Tiefpunkt auf dieser Skala war.
- Der Coach erfragt außerdem, wie der Klient es geschafft hat, dass sich seine Lage von diesem tiefsten Wert zum heutigen Wert verbessert hat.
- Schließlich fragt er auch, bis zu welchem Wert der Klient auf dieser Skala kommen möchte und in welchem Zeitraum dies

stattfinden soll. Er erfragt auch, was in der Wahrnehmung des Klienten geschehen muss, damit er diesen Schritt tun kann.

- Der Coach bittet den Klienten, seine Aufmerksamkeit auf seinen Körper in der jetzigen Position, dem »Present State« (1.), zu richten. Er fordert ihn auf, seinen Körper, seine Haltung sowie seine Atmung wahrzunehmen und die Gedanken und Gefühle, die damit einhergehen.
- Im nächsten Schritt bittet der Coach den Klienten, einen beliebigen Ort im Raum auszuwählen, der für ihn seinen angestrebten, zukünftigen Zustand, den »Future State«, repräsentiert (2.).
- Er fordert ihn auf, dorthin zu gehen und eine für ihn gute Haltung einzunehmen. Hierbei ist es als Coach wichtig darauf zu achten, dass der Klient eine aufrechte Haltung einnimmt.
- Der Coach bittet den Klienten, seine Körperwahrnehmungen, Haltung, Atmung, Gedanken und Gefühle in diesem angestrebten, zukünftigen Zustand, dem »Future State« (2.) wahrzunehmen und ihn mit seiner »alten« Haltung (1.) zu vergleichen. Er wählt dabei eine kraftvolle, optimistische Sprache, die suggeriert, dass das Ziel bereits erreicht ist.
- Der Coach interviewt den Klienten nun, wie er es geschafft hat, sein Ziel zu erreichen, welche Haltung bzw. Einstellung für ihn wichtig war und was ihn dabei unterstützt hat. Hier ist auch von Bedeutung, welche Herausforderungen der Klient meistern musste, um das Ziel zu erreichen.

- Wenn der Klient stabil aus dem »Future State« (2.) heraus berichtet, befragt ihn der Coach zu den Aktivitäten oder Veränderungen, die der Klient in seinem Leben realisiert hat, um von seinem alten Zustand (1.) zu seinem angestrebten Zustand (2.) zu kommen. Ebenfalls von Bedeutung ist die Reihenfolge dieser Aktivitäten.
- Der Coach sammelt die Ideen des Klienten und visualisiert sie auf einem Flipchart oder auf Metaplankarten.
- Nach Abschluss der eigentlichen Übung nehmen Coach und Klient wieder ihre ursprünglichen Plätze ein.

Abschluss

Coach und Klient besprechen zum Abschluss die Aktivitäten, die im Rahmen dieser Intervention erarbeitet wurden und entwickeln daraus einen Aktionsplan. Damit können die Interventionen »Outcome Frame« und »Hausaufgaben« sinnvoll kombiniert werden.

Gefühls-/Gedankentagebuch

Dauer: Wenige Stunden (außerhalb der Sitzungen)

Was steckt dahinter?

Diese Intervention entstammt der Kognitiven Therapie nach Aaron T. Beck. Sie soll die Selbstwahrnehmung des Klienten und die Wahrnehmung zu seinen Fortschritten fördern. Dazu werden vom Klienten Gefühle und Gedanken, die bei für ihn schwierigen Situationen im Alltagsleben auftreten, dokumentiert. Er kann mithilfe des Tagebuchs also z. B. seine Gedanken festhalten, die ihm durch den Kopf gehen, wenn er sich mit einer Konfliktsituation konfrontiert sieht. Je nach Präferenz des Klienten lässt sich die Dokumentation ebenfalls mit der Erfassung bestimmter Skalenwerte kombinieren, z. B. »Angst auf einer Skala von 1 bis 10« oder »Anspannung auf einer Skala von 1 bis 10«. Damit werden Daten gesammelt, die Rückschlüsse darauf zulassen, welches Verhalten des Klienten hilfreich und welches evt. weniger hilfreich ist, um sein angestrebtes Ziel zu erreichen.

Wann bietet sich die Intervention an?

Der Klient möchte eine neue Sicht- oder Verhaltensweise in der Realität erproben und seine Erfahrungen damit dokumentieren.

Zielsetzung

Transfer der Erkenntnisse aus dem Coaching in den Alltag des Klienten

Sammeln von Erfahrungswerten

Voraussetzung

Im Coaching wurde bereits ein zu übendes neues Verhalten oder eine neue Entscheidung erarbeitet, die der Klient in seinem Alltag umsetzen und erproben soll.

Ergebnis

- Strukturierte Dokumentation praktischer Erfahrungen des Klienten mit neuen Verhaltensweisen und den damit einhergehenden Gefühlen und Gedanken
- Einsichten zu Faktoren, die das neue Verhalten bzw. die neue Sichtweise erleichtern oder erschweren

Die Vorgehensweise

Vorbereitung

- Die jeweilige Vorbereitung ist abhängig von den Themen, Einsichten und Erkenntnissen der Coaching-Sitzung.
- Im Coaching wurde eine Hausaufgabe vereinbart, welche die Dokumentation von Gedanken und Gefühlen im Zusammenhang mit einem neuen Verhalten sinnvoll macht.
- Der Coach erarbeitet mit dem Klienten detailliert, auf welche Art und Weise, für welchen Zeitraum und in welcher Frequenz dieser seine Gedanken und Gefühle dokumentieren wird.

Durchführung

Der Klient dokumentiert außerhalb der Coaching-Sitzung im erarbeiteten Format und in der vereinbarten Häufigkeit seine Erfahrungen mit den neuen Sicht- und Verhaltensweisen und seine Gefühle und Gedanken dazu.

Abschluss

In der nächsten Coaching-Sitzung bittet der Coach den Klienten, von seinen Erfahrungen zu berichten und von den Erkenntnissen, die er aus seinem Gefühls-/Gedankentagebuch gewonnen hat.

BEISPIEL

Gedanken und Gefühle zu meinem neuen Glaubenssatz »Indem ich mich meiner Angst stelle, schaffe ich etwas Tolles!«:

Mo, 02. März: Meeting mit TM. Ich habe mich gut vorbereitet und mein neuer Satz ist mir präsent. Das Meeting läuft erstaunlich harmonisch.

Mi, 04. März: Mein Chef spricht mich auf dem Flur an und fragt nach Thema XYZ. Fühle mich zunächst kalt erwischt, besinne mich dann aber auf unsere Strategie – es klappt!

Fr, 06. März: Jour Fixe mit PT. Habe die Nacht zu wenig geschlafen. Fühle mich zunächst gehemmt. Es wird besser, nachdem ich mir meinen neuen Satz ins Gedächtnis gerufen habe. Komme mehr in meine Kraft danach.

Stichwortverzeichnis

Impressum

Bibliografische Information der Deutschen Nationalbibliothek
Die Deutsche Nationalbibliothek verzeichnet diese Publikation in der Deutschen Nationalbibliografie; detaillierte bibliografische Daten sind im Internet über http://dnb.dnb.de abrufbar.

Print: ISBN: 978-3-648-08201-0 Bestell-Nr.: 10104-0002
ePub: ISBN: 978-3-648-08202-7 Bestell-Nr.: 10104-0101
ePDF: ISBN: 978-3-648-08203-4 Bestell-Nr.: 10104-0151

Karsten Drath
Coaching-Techniken
2. Auflage 2016

Redaktionsanschrift: Fraunhoferstraße 5, 82152 Planegg/München
Internet: www.haufe.de
E-Mail: online@haufe.de
Redaktion: Jürgen Fischer
Redaktionsassistenz: Christine Rüber

Lektorat: Nicole Jähnichen, www.textundwerk.de
Umschlaggestaltung: Simone Kienle, Stuttgart
Umschlagentwurf: RED GmbH, Krailling
Satz und Druck: Beltz Bad Langensalza GmbH, Bad Langensalza

Der Autor

Karsten Drath
ist gelernter Schreiner, Ingenieur, Ökonom, Coach und Heilpraktiker für Psychotherapie. Nach über 16 Jahren Tätigkeit als Unternehmensberater und internationaler Manager bei namhaften Industriekonzernen und Unternehmensberatungen ist er heute Managing Partner bei Leadership Choices, einem europäischen Anbieter von Executive Development Services. Zuvor war er für das europäische Beratungsgeschäft bei Dell zuständig. Als Leadership Coach arbeitet er international mit Topmanagern und ihren Teams. Er ist Autor zahlreicher Publikationen, so z. B. des Fachbuchs »Coaching und seine Wurzeln«.

Weitere Literatur

»Coaching und seine Wurzeln«, von Karsten Drath,
589 Seiten, EUR 59,00, ISBN 978-3-648-03108-7,
Bestell-Nr. 01338

»Resilienz in der Unternehmensführung«, von Karsten Drath,
360 Seiten, EUR 39,95, ISBN 978-3-648-04947-1,
Bestell-Nr. 01069

»Neuroleadership«, von Karsten Drath, 128 Seiten, EUR 7,95,
ISBN 978-3-648-07135-9, Bestell-Nr. 10714